JN026582

データベースの基礎
（改訂版）

― MariaDB / MySQL 対応 ―

博士（工学） 永田 武 著

コロナ社

ま　え　が　き

　本書は，大学，短大と高等専門学校の学生を対象として記述したものです。
データベースは，今日の情報化された現代社会の膨大な情報を蓄積・管理し
て，利用者の要求に応じたデータを迅速に提供するシステムです。1990 年代
以降には，Windows という OS が日本でも一般化し，Linux という無料の OS
も登場し，一般の人も個人の PC を持ち，WWW や Email が本格的に使われる
ようになりました。したがって，皆さん方の多くは小さいころからインター
ネットを通じて多くの情報を手に入れてきたと思います。

　今日では，われわれは，毎日膨大な情報にさらされるようになり，"情報爆
発時代"ともいわれるようになっています。このような情報をうまく管理しよ
うという技術がデータベースです。データベースは，データ（情報）とベース
（基地）を一緒にしたものです。まさに電子化された情報を集積する基地の役
割を果たすものがデータベースというわけで，情報化された現代社会において
は，必要不可欠な存在になっています。

　本書は，大学，短大，高等専門学校においては，週 1 回の半期で履修できる
程度の内容になっています。また，情報処理推進機構の基本情報技術者試験と
データベーススペシャリスト試験の過去問題にも触れ，読者がより深く理解で
きるように工夫しました。また，付録には MySQL を利用した Java による簡単
なプログラムの構築方法について解説していますので，実習として用いると
データベースに対する理解が深まると思います。本書がデータベースの学習へ
の扉となれば，著者にとって望外の喜びです。

　最後に，本書の出版の機会を与えていただいた株式会社コロナ社に厚くお礼
申し上げます。

2011 年 4 月

永田　武

改訂版にあたって

　本書の初版が発行されてから 10 年以上が経過しました。幸いにも広く受け入れていただき，版を重ねることができたことは感謝にたえません。

　今回の改訂では MySQL の後継である MariaDB が今後の教育現場で主流になることを踏まえ，付録を更新することとしました。特に「C.　MariaDB 実習」を新たに設けることにより，6, 7 章の SQL の内容について実際に MariaDB を用いて行えるように工夫しました。そして，演習問題解答や講義資料などを Web† に掲載しているので，そちらもぜひ活用していただきたいと思います。なお，オンライン授業で使用した動画も公開しました。動画の概要欄には，つぎの動画の URL を記載しましたので，たどっていただけるとすべての動画をご覧いただけます。

　　最初の動画の URL：https://youtu.be/oc-QyhWQeVw

　2021 年 5 月

永田　武

脚注

†　下記の書籍詳細ページ内の「関連資料」などから各資料を確認できます。
　　https://www.coronasha.co.jp/np/isbn/9784339029192

目　　　次

1章　データベース

2章　データモデル

3章 関 係 代 数

4章 データベース設計

5章 リレーションの正規化

6章 関係データベース言語 **SQL**（その1）

7章　関係データベース言語 SQL（その2）

8章　データの検索機構

9章　トランザクション管理

10章　障害回復

11章　分散データベース

12章　応用技術と将来動向

1章
データベース

　現在，私たちは数世紀前の人間が一生の間に得た何千倍，何万倍もの情報量の中で暮らしている。データベースはこのような多量な情報を効率的に管理して，利用者の要求に応じて容易に検索・抽出など再利用できるようにしたものである。

　本章では，データベースの概要，ファイルシステムとデータベース，データベースの歴史，そしてデータベース管理システムの概要について述べる。

1.1　データベースの概要

　現在では新幹線の切符は，インターネットを用いて簡単に購入することができるようになっているが，それは 1972 年に開発されたマルス（MARS: multi access seat reservation system）までさかのぼる。マルスは，現在 JR 各駅の「みどりの窓口」や全国各地の旅行会社の窓口に設置された端末により，乗車券や指定券はもとよりホテルやレンタカーの予約など幅広く利用されている。そして，このマルスは，コンピュータ技術のオンラインリアルタイムシステムへの可能性を示したことが評価され，2008 年に電気学会から電気技術顕彰制度の「でんきの礎」に，2009 年には情報処理学会から「情報処理技術遺産」として認定されている。このような多量な情報を扱う情報処理システムの中核をなすのがデータベースである。

　データベースとは，文字通りデータの基地（ベース）であるが，単なるデータの集まりではなく，さまざまな情報処理システムで利用できるように，データを保存，検索，更新，削除できるように構成されたものである。すなわち，

データベースとは，「複数の利用目的で共有できるように，相互に関連付けられた冗長のないデータの集合」である。

　ここで，「データ」と「情報」の違いについて述べておく。私たちは，この両者の違いを意識しないで「データ共有」や「情報共有」などと使っているが，データと情報は区別して認識しておく必要がある。

　まず，データとは「観測，測定，統計などから得られる客観的な事実を，文字，数値，図形，画像，音声など人間が知覚できるかたちで表したもの」である。例えば，学生データの学生番号や氏名は文字で表され，環境データの温度や湿度は数値で表され，パスポートの顔写真は画像で表される。これらは，客観的事実を表したデータでだれでも同じように解釈したり認識したりすることができる。

　一方，情報は「ある特定の目的について，適切な判断を下したり，行動の意思決定をするために役立つデータのこと」である。

　例えば，スーパーマーケットやコンビニで使用されている POS（point of sales system：販売時点情報管理）からは，「いつ・どの商品が・どんな価格で・いくつ売れたか・購入者の年齢層・性別・当日の天気」などのデータが収集される。このデータは，売り場の責任者にとっては，売れ筋商品の補充や，在庫処分のための値引きの意思決定のための情報となる。

　また，「おむつを買った人はビールを買う傾向がある」という有名な話がある。これは，「子供のいる家庭では母親はかさばる紙おむつを買うように父親に頼み，店に来た父親はついでに缶ビールを購入するので，この二つを並べて陳列したところ売り上げが上昇した」という内容で知られているものである。これは，POS から得られたデータを分析することより得られた情報である。

　このように情報は，データから直接得られる場合と，データを分析することによって得られる場合がある。後者の場合は，大規模なデータの中からその中に潜んでいる有益なデータを発掘するということで**データマイニング**（data mining）として知られている。

　以上のように「データ」と「情報」には違いがあり，"利用者の状態を変化

させないデータは情報にはならない" ということに注意すべきである。

1.2　ファイルシステムとデータベース

　コンピュータシステムにおいて，データベースの出現の前までは，データの集まりは，OS の提供する「ファイル」という概念で扱われていた。今日でもファイルは使用されているが，大規模なデータを扱う情報処理システムではこれから述べる理由によってデータベースが用いられている。

1.2.1　ファイルシステム

　情報系の学生は，このデータベースを学ぶ以前にプログラミングの講義でファイル入出力処理を記述したことがあると思う。例えば，ファイルの入出力は，C 言語ならば fscanf 関数や fprint 関数，Java 言語なら FileReader クラスや FileWriter クラスなどを使用したはずである。

　図 1.1（a）は，C 言語によるファイル入出力のプログラム例である。このプログラムは，図（b）に示すように，test.in という入力ファイルからデータ（学生番号，氏名，数学の得点，国語の得点）を読み込み，学生数をカウントし，数学と国語の平均点を計算して test.out という出力ファイルにデータを書き出すものである。ここで示したように，このプログラムは入出力ファイルの構造に依存している。すなわち，データ項目などのファイルの構造に変化があった場合には，このプログラムは修正されなければならない。例えば，図（b）の test.in の学生番号は 8 文字，氏名は 20 文字（半角）であるが，なんらかの理由で文字数を大きくする必要がある場合には，プログラムの複数箇所を変更する必要がある。また，英語の得点を追加したい場合にも同様にプログラムの変更が必要になる。このような修正は，この入力ファイルにアクセスするすべてのプログラムに対して実施されなければならない。

```
#include <stdio.h>
#include <stdlib.h>
void main( int argc, char* argv[ ] ){
    FILE  *fin, *fout;
    char  id[8], name[20];
    int  num = 0, sum_mat=0, sum_lan=0, mat, lan;
    float ave_mat, ave_lan;
    if( (fin=fopen("test.in","r")) == NULL ){ printf( "Not
found (test.in)\n" ); exit(1); }
    while( fscanf( fin,"%s %s %d %d",id,name,&mat,&lan!=  EOF ){
      num++; sum_mat+=mat; sum_lan+=lan;
        printf( "%10s%20s %3d %3d\n", id,name,mat,lan );
    }
    fclose( fin );
    ave_mat = sum_mat/num; ave_lan = sum_lan/num;
    if( (fout=fopen("test.out","w")) == NULL ){
        printf( "Not created (test.out)\n" ); exit(1);
    }
    fprintf( fout,"Total number = %d\n", num );
    fprintf( fout,"Math. ave = %6.1f\n", ave_mat );
    fprintf( fout,"Lan. ave  = %6.1f\n", ave_lan );
    fclose( fout );
}
```

(a) プログラム

```
(入力ファイル test.in)
A1000100 Aoki   85 68
A1000200 Ishida 78 90
A1000200 Ueki   58 84
    ・・・・
```

```
(出力ファイル test.out)
Total number = 45
Math. ave   = 72.5
Lan. ave    = 84.8
```

(b) 入力ファイルと出力ファイル

図1.1 C言語によるファイル入出力のプログラム例

　一般に，情報システムは，運用中にもデータ項目の追加は頻繁に発生するので，ファイルのみを使用する方法で大規模なシステムを開発することの限界は明らかである。また，アプリケーションごとにどのようなデータ項目にするかはアプリケーションの設計者にまかされているために，複数のファイルに同一データが散在することも予測できる。このようなことからデータベースの必要性が広く認識されるようになった。

　まとめると，ファイルを用いたシステムには以下のような問題点が指摘されている。

① ファイルとプログラムが独立していない（ファイルの構成の変更は，利用しているすべてのアプリケーションプログラムの修正が必要である）。

② ファイルの内容の整合性管理が難しい（アプリケーションプログラムの誤った更新処理の検出が不可能）。

③ 複数のファイル間でデータ項目が重複しやすい。

④ 機密保護が不十分である。

⑤ データの障害対策が不十分である。

1.2.2　データベース

　前述のファイルシステムの欠点を補うかたちで登場したデータベースには，次のような機能が要求されている。

（1）**データの共有化**　　データベースの第一の目的は，企業・組織のなるべく広い範囲でデータを共有し利用することである。

（2）**データの一元管理**　　データの一元管理により，データ項目などの重複が削減されデータの保守作業を容易にすることができる。

（3）**データのプログラムからの独立**　　データとプログラムを独立させることにより，データ項目とプログラムの保守・変更作業がどちらも容易になる。

（4）**データの整合性維持**　　整合性制約を用いることにより，意図しない

データや間違ったデータの入力を防ぐことが可能になる。

（5）**データの障害回復**　　ハードウェアやソフトウェアの障害によってデータベースが障害を受けた場合に，バックアップデータやログ（log）を用いて迅速に回復させることが可能になる。

（6）**データの機密保護**　　アクセスするユーザを識別し，データごとにアクセスできるデータを制限することにより，機密性を保つことができる。

1.3　データベースの歴史

データベースの研究は，1950 年代の米国におけるソ連との軍拡競争に端を発する。当時の米国は世界各地の軍事データを収集し，データ（data）を蓄積する基地（base），すなわちデータ基地（database）と呼んでいた。

その後さまざまなデータベースの研究がなされ，1970 年には IBM の Sun Jose 研究所の E. F. Codd が「大規模な共有データバンクのための関係モデル」という論文を発表した。この関係モデルという方法は，データベースの考え方に決定的な影響を与え，**リレーショナルデータベース**（RDB: relational database）として現在広く利用されることになった。

リレーショナルデータベースを管理し運用するためのソフトウェアを**リレーショナルデータベース管理システム**（RDBMS: relational database management system）と呼び，実用化に向けた製品開発が行われた。1979 年には世界初の商用 RDBMS の Oracle が製品化され，1982 年の SQL/DS，1984 年の DB2 など RDBMS の本格的な利用が始まった。

RDBMS を利用するための言語が SQL である。初期の SQL は，IBM の Sun Jose 研究所で開発された RDBMS の System-R に実装された。当初は構造化英文問合せ言語（SEQUEL: structured English query language）と呼ばれたが，その後構造化問合せ言語（SQL: structured query language）と改名された。この SQL は，国際標準化機関（ISO: International Organization for Standardization）を中心にして標準化が実施されている。1987 年に SQL 規格

第 1 版（ISO/IEC9075）が制定され，同年には，日本工業規格（JIS: Japanese industrial standards ）も制定され，1989 年（JIS は 1990 年）と 1992 年（JIS は 1995 年）に改定が行われた。これらは，それぞれ SQL87，SQL89，SQL92 と呼ばれることが多い。その後，SQL/CLI（1995 年），SQL/PSM（1996 年），SQL99，SQL2003，SQL2008 と非常に多くの改定が行われている。

1.4　データベース管理システムの概要

　データベースを管理するソフトウェアシステムを**データベース管理システム**（DBMS : database management system）と呼ぶ。DBMS は，共通して使用するデータを一元管理するミドルウェアあり，データを永続的に保持するために 2 次記憶装置を用いてデータベースを構築し，アプリケーションプログラムからのアクセス要求を実行し，制御する統合的な機能を提供する。DBMS の管理機能には，データ資源管理機能，整合性制約機能，データベースアクセス機能，トランザクション機能などがある。

　DBMS に関連する主要な項目を以下に示す。これらの詳細な内容については，後続の章で説明する。

（１）　**物理的データ独立性**　　データベースを格納する記憶装置を変更する際，それに伴って DBMS にアクセスする方法を変更する必要はない。DBMS にアクセスする利用者やアプリケーションソフトウェアに対して，DBMS は記憶装置の変更を隠ぺいすることができる。

（２）　**論理的データ独立性**　　いくつかの種類の DBMS では論理的データ独立性を支援する。例えば RDBMS ではビューを使うことができる。

（３）　**データベース言語**　　データベース言語は，DBMS に対してさまざまな指示を伝えるための言語である。データ定義言語（DDL），データ操作言語（DML），データ制御言語（DCL）の構成要素からなる。データ定義言語 はデータベースの構造を定義する。データ操作言語 はデータベースに対する検索や更新などの操作を行う。データ制御言語 はデータに対するアクセス制御を行

う。DBMS ではそのデータベースモデルに基づいたデータベース言語を備えている。例えば，関係データベース管理システム（RDBMS）とされるシステムの多くは，関係データベース言語 SQL を備えている。

（4） **データ完全性**　　不正なデータが登録されることや，不正なデータに更新されることを防ぐ。例えば RDBMS では，定義域，一意性（ユニーク）制約，参照整合性制約などの機能を備えている。

（5） **トランザクション処理**　　ACID 特性に基づいたトランザクション処理を行う。複数のユーザが同時に同一のデータを参照や更新をした場合でも，矛盾なく正常に処理が行われる。

（6） **セキュリティ**　　多くの DBMS ではセキュリティ（機密保護）に関して任意アクセス制御もしくは強制アクセス制御を提供し，一部の DBMS ではデータの暗号化機能も提供する。

（7） **障害復旧**　　トランザクション障害，システム障害，記憶媒体の障害からの復旧を行う。

（8） **最適化**　　高水準なデータベース言語で記述されたデータ処理要求を，低水準な手続きに最適化して実行する。

（9） **分散データベース**　　分散データベースは，ネットワークで接続された複数のコンピュータを用い，それぞれのコンピュータ上で DBMS のプロセスを協調させて動作させ，全体として仮想的に一つの DBMS を実現する技術である。複数のコンピュータを使うため可用性や処理性能を向上させることができる。

演 習 問 題

1.1 データと情報の違いについて説明せよ。

1.2 DBMS に要求される機能について説明せよ。

1.3 DBMS について，インターネットのサーチエンジンを用いて適切な情報を入手し，以下の事項をまとめよ。

（1） おもな商用 DBMS について

（2） おもなオープンソース DBMS について

1.4 以下の英文を和訳しなさい。

A Database Management System (DBMS) is a set of computer programs that controls the creation, maintenance, and the use of a database.

A DBMS is a system software package that helps the use of integrated collection of data records and files known as databases.

It allows different user application programs to easily access the same database. DBMSs may use any of a variety of database models, such as the network model or relational model.

2章
データモデル

　実世界のデータをデータベースに格納して計算機で扱えるようにするために
は，利用するデータベースの中で実世界のデータをどのように表現するかが問
題になる。データモデルとは，その実世界の表現方法や実世界を記述するため
の記号列のことである。そして，実世界のデータをデータモデルに写像または
変換することをデータモデリングという。
　本章では，データモデル，ANSI/SPARC の 3 層スキーマ構造，そして E-R モ
デルについて述べる。

2.1　データモデルの概要

　データモデル（data model）は，データベース管理システムでのデータの表
現方法をモデル化したものであり，**階層データモデル**（hierarchical data
model），**ネットワークデータモデル**（network data model），**関係データモデ
ル**（relational data model），**オブジェクト指向データモデル**（object oriented
data model）が挙げられる。この中で，関係データモデルが，現在最も普及し
ているデータモデルとなっている。

2.1.1　階層データモデル

　階層データモデルは，データを木構造で表現したデータモデルであり，実体
を親子関係で表現する。階層モデルでは，**図 2.1** に示すように各実体をレコー
ドとして表現し，レコード間の関係をポインタで表現する。階層構造の上位の
レコードを親レコードと呼び，その親レコードと関連する下位のレコードを子

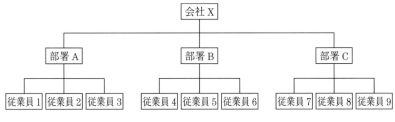

図 2.1　階層データモデル

レコードと呼ぶ。商用データベースとして，1968 年に IBM が開発・販売した IMS（information management system）が有名である。

2.1.2　ネットワークデータモデル

　ネットワークデータモデルは，データを網構造で表現したデータモデルである。ネットワークデータモデルでは，**図 2.2** に示すように基本的には階層構造のデータモデルと同様に親子関係を採用しているが，親となる実体を複数持てるようにし，各実体の関係をより自然に表現できるようになっている。商用データベースとして，1971 年に米国の IT 業界の団体である CODASYL（conference on data systems languages）が提案したネットワークデータモデルの仕様が有名である。

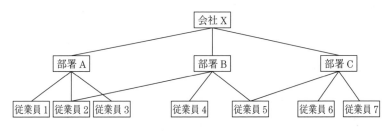

図 2.2　ネットワークデータモデル

2.1.3　関係データモデル

　関係データモデルは，数学理論に基づくデータモデルで，今日最も多くの DBMS で採用されている。1970 年に IBM の研究員の E.F.Codd が提案した

アトリビュート（属性）

部署 ID	従業員	年数	会社名	
部署 A	従業員 1	24	会社 X	
部署 A	従業員 2	26	会社 X	
部署 A	従業員 3	34	会社 X	
部署 B	従業員 4	44	会社 X	
部署 B	従業員 5	54	会社 X	

タプル

図 2.3　関係データモデル

データモデルである。関係データモデルは，**図 2.3** に示すようにデータ構造に
2 次元の表を採用したモデルである。階層データモデルやネットワークデータ
モデルでは，データ自体に階層構造や網構造を前提にしたモデリングが必要で
あるが，関係データモデルでは構造上の前提条件がなく，自由にデータベース
の設計が可能となっている。

　関係データモデルでは，データを**リレーション**（関係（relation））と呼び，
列と行からなる表構造で表現する。関係データモデルでは，あらゆるデータ
は，n 項の関係で表現され，関係は n 個の**定義域**（ドメイン（domain））の直
積の部分集合で定義される。リレーションの列は**アトリビュート**（属性
（attribute）），行は**タプル**（tuple）と呼ばれる。関係は関係名を，属性は属性
名を持つ。関係の属性数を関係の次数と呼ぶ。

　関係データベースを管理するために**関係データベース管理システム**
（RDBMS: relational database management system）としては，Oracle Database，
IBM DB2，Microsoft SQL Server，MySQL，MariaDB，PostgreSQL，FileMaker，
H2 Database などがある。

2.1.4　オブジェクト指向データモデル

　オブジェクト指向データモデルは，オブジェクト指向の考え方を採用した
データモデルである。1990 年代になると，データとその振る舞いをモデル化
するオブジェクト指向データモデルが，データとソフトウェアの共有や再利用

性を向上させるという観点から注目されるようになり，オブジェクト関係デー
タベース（ORD：object-relational database）を管理するオブジェクト関係デー
タベース管理システム（ORDBMS：object-relational database management
system）の開発も進んでいる。ORDBMS には，Informix，PostgreSQL，IBM
DB2，Oracle Database などがある。

2.2　ANSI/SPARC の 3 層スキーマ構造

スキーマ（schema）は，"データの定義の集合"，または DBMS の"データ
ベースの定義情報"のことである。ANSI/SPARC（American National
Standards Institute / Standards Planning And Requirements Committee）によ
る**3 層スキーマ**は，DBMS のインタフェースを整理したものである。ANSI/
SPARC の 3 層スキーマは，**図 2.4** に示すように外部スキーマ，概念スキーマ，
および内部スキーマから構成されている。3 層スキーマ構造は，各層でデータ
の独立性が保持され，ある層の変更は他の層に影響しないという特徴がある。

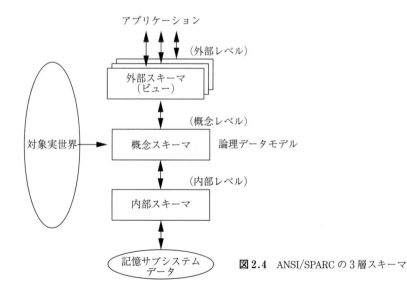

図 2.4　ANSI/SPARC の 3 層スキーマ

3層スキーマ構造の独立性には，概念スキーマが外部スキーマから独立する**論理データ独立性**と，概念スキーマが内部スキーマから独立する**物理データ独立性**がある。

2.2.1　概念スキーマ

　概念スキーマ（conceptual schema）は，実世界のデータをデータモデルによって抽象化し，その抽象化した概念と概念間の関係を定義した記述したものである。外部スキーマおよび内部スキーマの中間に位置し，各スキーマから独立に定義される。一つのデータベースに一つの概念スキーマが対応する。概念スキーマは，DBMS の論理データモデルと同一である。

2.2.2　外部スキーマ

　外部スキーマ（external schema）は，概念スキーマの外側に位置付けられ，データベースのユーザ（アプリケーション）に対して，データを見せるためのスキーマである。RDBMS では，ビュー（またはビュー表）の集合が外部スキーマに相当する。一つのデータベースに対して，外部レベルでは，異なるアプリケーションに対応して複数の外部スキーマが存在する。この外部スキーマによりデータベースの見せたくない部分を隠ぺいすることができる。

2.2.3　内部スキーマ

　内部スキーマ（internal schema）は，概念スキーマの内側に位置付けられ，計算機システムのディスク装置などにデータベースのデータを物理的に実装するためのスキーマである。内部スキーマを概念スキーマと区別することで，データベースの物理的データ独立性を実現することができる。

2.3　E-R モ デ ル

　概念データモデルを図式表現するために，E-R モデル（**実体関連モデル**

(entity relationship model)）がある。E-R モデルとは，実世界を実体（エン
ティティ），関連（リレーションシップ），属性（アトリビュート）という構成
要素を用いて概念化したデータモデルのことである。

　E-R モデルは，1976 年に P. P. Chen が提案したモデルであり，記述が容易
なために，広く用いられている。データベースの管理対象となるものをエン
ティティ（実体）という。商品や顧客のような物理的なもの以外に，発注や検
査などの抽象的な概念もエンティティとして扱うことができる。関係データモ
デルでは，"表＝エンティティ"と考えることができる。エンティティとエン
ティティとの関係を**リレーションシップ**（関連）という。E-R モデルで用い
られるのが E-R 図（ERD：entity relationship diagram）である。**図 2.5** は P. P.
Chen の ERD のオリジナルの表記法を示している。同図において長方形がエ
ンティティ，ひし形がリレーションシップを表している。

図 2.5　ERD の表記法（オリジナル）

2.3.1　**ERD の表記方法**

　ERD にはさまざまなバリエーションがあるが，本書では情報処理技術者試
験で使用されている表記法の概要を示す。

　（1）　エンティティとリレーションシップの表記法を**図 2.6** に示す。

　　　①　エンティティは，長方形で表し，長方形の中にエンティティ名を
　　　　記入する。

　　　②　リレーションシップは，エンティティ間に引かれた線で表す。

　　　　・"1 対 1"のリレーションシップを表す線は，矢をつけない。

　　　　・"1 対多"のリレーションシップを表す線は，"多"側の端に矢
　　　　　を付ける。

　　　　・"多対多"のリレーションシップを表す線は，両端に矢を付け
　　　　　る。

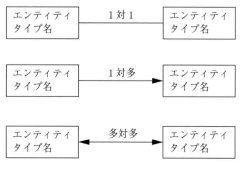

図 2.6 エンティティとリレーションシップの表記法

（2） リレーションシップを表す線で結ばれたエンティティ間の表記法を**図2.7**に示す。

① 一方のエンティティのインスタンスから見て，他方のエンティティに対応するインスタンスが存在しないことがある場合，線の対応先に "○" を付ける。

② 一方のエンティティのインスタンスから見て，他方のエンティティに対応するインスタンスが必ず存在する場合は，線の対応先に "●" を付ける。

（a） 双方のインスタンスが存在しないことがある場合

（b） 双方のインスタンスが必ず存在する場合

（c） 左のインスタンスが存在しないことがあり，
右のインスタンスが必ず存在する場合

図 2.7 リレーションシップの表記法

（3）　スーパータイプとサブタイプ間のリレーションシップの表記法を**図 2.8** に示す。

　①　サブタイプの切り口の単位に "△" を記入し，スーパータイプから "△" に１本の線を引く。

　②　一つのスーパータイプにサブタイプの切り口が複数ある場合，切り口の単位ごとに "△" を記入し，スーパータイプからそれぞれの "△" に別の線を引く。

　③　切り口を示す "△" から，その切り口で分類されるサブタイプのそれぞれに線を引く。

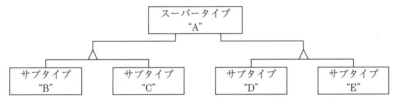

スーパータイプ "A" に二つの切り口があり，それぞれの切り口に
サブタイプ "B" と "C" および "D" と "E" がある例

図 2.8　スーパータイプとサブタイプの間のリレーションシップの表記法

演 習 問 題

2.1　関係モデルの用語のうち，ANSI/SPARC の３層スキーマの外部スキーマに対応するものはどれか。

　（ア）　アトリビュート　　（イ）　タプル
　（ウ）　テーブル　　　　　（エ）　ビュー

2.2　ANSI/SPARC の３層スキーマに関する記述として，適切でないものはどれか。

　（ア）　ANSI/SPARC の３層スキーマの意義は，物理的データ独立性，論理的データ独立性を確保することである。

　（イ）　外部スキーマは，実世界が変化しても応用プログラムができるだけ影響を受けないようにするための考え方である。

　（ウ）　関係データベースのビューやネットワークデータベースのサブスキー

マは，概念スキーマに相当する。

(エ)　内部スキーマは，直接編成ファイルや VSAM ファイルなどの物理ファイルを用いて，概念スキーマをコンピュータ上に実装するための記述である。

2.3　ANSI/SPARC の3層スキーマのうち，概念スキーマの説明として，正しいものはどれか。

(ア)　実体をそのまま表として利用するよりも，部分的に一つの表としてアクセスするときに定義する。

(イ)　データベースがモデル化している対象全体の論理的なデータ構造を記述したものである。

(ウ)　特定の利用者に対して，データベースの一部のデータ構造を特定の見方（ビュー）で切り出したものである。

(エ)　2次記憶上に格納されたデータの物理的な機能を記述したものである。

2.4　ANSI/SPARC の3層スキーマ構造で，データ処理上必要な実世界のデータ全体を定義し，特定のアプリケーションプログラムに依存しないデータ構造を定義するスキーマとして，適切なものはどれか。

(ア)　概念スキーマ　　(イ)　外部スキーマ

(ウ)　サブスキーマ　　(エ)　内部スキーマ

2.5　E-R モデルに関する記述として，適切なものはどれか。

(ア)　E-R モデルは，いくつかの特定の DBMS を扱うことができるように考えられた DBMS 依存型のデータモデルである。

(イ)　エンティティとして定義できるものは，取引先や商品など実体のあるもので，発注・受注・納品などの抽象的な概念は定義できない。

(ウ)　エンティティに対しては，"属性"が存在するが，関連には存在しない。

(エ)　関連はエンティティ間の結び付きを示すものなので，二つのエンティティ間に複数の関係が存在してもよい。

2.6　概念データモデルの説明として，最も適切なものはどれか。

(ア)　階層モデル，ネットワークモデル，関係モデルがある。

(イ)　業務プロセスを抽象化して表現したものである。

(ウ)　集中型 DBMS を導入するか，分散型 DBMS を導入するかによって内容が変わる。

(エ)　対象世界の情報要件を表現したものである。

2.7 以下の英文を和訳しなさい。

In software engineering, an entity-relationship model (ERM) is an abstract and conceptual representation of data.

Entity-relationship modeling is a database modeling method, used to produce a type of conceptual schema or semantic data model of a system, often a relational database, and its requirements in a top-down fashion.

Diagrams created by this process are called entity-relationship diagrams, ER diagrams, or ERDs.

3章
関 係 代 数

　関係データモデルの演算は，関係代数と関係論理の二つの体系が知られている。これらは，E. F. Codd が提案した数学モデルに基づく理論である。

　本章では，関係代数の概要，集合演算，および関係演算について述べる。

3.1　関係代数の概要

　関係代数（relational algebra）には，八つの演算が定義されている。この八つの演算は，**和**（union），**差**（difference），**積**（intersection），**直積**（cartesian product），**選択**（selection），**射影**（projection），**結合**（union），そして**商**（division）である。この中で，和演算，差演算，積演算，直積演算は，集合演算と呼ばれている。そして，選択演算，射影演算，結合演算，商演算は，関係演算と呼ばれている。

3.2　集　合　演　算

　集合演算は，和，差，積，直積の4種類があり，数学における集合と同じ演算である。特に，和，差，積の演算を行う対象のリレーションは，**和両立**（union compatible）でなければならないという条件がある。和両立は，これらの集合演算を行うリレーションは，同じ次数で，対応する属性は同じ定義域を持たなければならないという条件である。

3.2.1 和 集 合

和集合演算は，データベースの足し算であり，二つのリレーションの全タプルを取り出す演算である。二つのリレーションを R, S とすると，その和集合をとる演算結果のリレーション $R \cup S$ は，R と S のタプルがすべて含まれたリレーションからなる。$R \cup S$ は，R の要素または S の要素であるタプル t の集合であり，次式で定義することができる。

$$R \cup S = \{t \mid t \in R \lor t \in S\} \tag{3.1}$$

ここで，$\{t \mid 条件\}$ は条件を満たす t の集合を，$t \in R$ は t が集合 R の要素であることを，$\lor$ は論理和（または）を意味している。**図3.1** に和集合の例を示す。

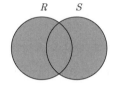

R		
A	B	C
a	b	c
d	a	e
a	d	c

S		
A	B	C
b	f	a
d	a	e

$R \cup S$		
A	B	C
a	b	c
d	a	e
a	d	c
b	f	a

図3.1 和 集 合

3.2.2 差 集 合

差集合演算は，データベースの引き算であり，二つのリレーションから左側のリレーションのみに含まれる行を取り出す演算である。二つのリレーションを R, S とすると，その差集合をとる演算結果のリレーション $R - S$ は，R の要素でかつ S の要素でないタプルの集合であり，次式で定義することができる。

$$R - S = \{t \mid t \in R \land \neg (t \in S)\} \tag{3.2}$$

ここで，$\{t \mid 条件\}$ は条件を満たす t の集合を，$t \in R$ は t が集合 R の要素であることを，$\land$ は論理積（かつ）を，$\neg$ は否定（〜でない）を意味している。**図3.2** に差集合の例を示す。

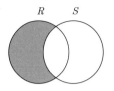

図3.2 差 集 合

3.2.3 積　　集　　合

積集合演算は，二つの表から両方のリレーションに存在するタプルを取り出す演算である。二つのリレーションを R，S とすると，その共通集合をとる積集合演算 $R \cap S$ は，R の要素でかつ S の要素であるタプルの集合であり，次式で定義することができる。

$$R \cap S = \{t \mid t \in R \wedge t \in S\} \tag{3.3}$$

ここで，{t | 条件} は条件を満たす t の集合を，$t \in R$ は t が集合 R の要素であることを，$\wedge$ は論理積（かつ）を意味している。**図3.3** に積集合の例を示す。

また，積集合演算 $R \cap S$ は，差集合演算を用いることによって，次式で定義することができる。

$$R \cap S = R - (R - S) \tag{3.4}$$

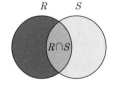

図3.3 積　集　合

3.2.4 直 積 集 合

直積集合演算は，二つのリレーションの全組合せを取り出す演算である。直積はデータベースの掛け算であり，リレーションを結合する場合の基本となる。二つのリレーションを R，S とすると，全タプルの組合せをとる演算結果

のリレーション $R \times S$ は，R の要素と S の要素とを組み合わせて得られるすべてのタプルの集合であり，次式で定義することができる。

$$R \times S = \{ (t, s) \mid t \in R \land s \in S \} \tag{3.5}$$

ここで，$\{ (t, s) \mid$ 条件 $\}$ は条件を満たす t と s の組の集合を，$t \in R$ は t が集合 R の要素であることを，$\land$ は論理積（かつ）を意味している。**図3.4** に直積集合の例を示す。

R		
A	B	C
a	b	c
d	a	e
a	d	c

S		
D	E	F
a	f	d
d	c	b

$R \times S$					
A	B	C	D	E	F
a	b	c	a	f	d
a	b	c	d	c	b
d	a	e	a	f	d
d	a	e	d	c	b
a	d	c	a	f	d
a	d	c	d	c	b

図3.4　直 積 集 合

3.3　関 係 演 算

関係演算は，選択演算，射影演算，結合演算，商演算の4種類がある。

3.3.1　選 択 演 算

選択演算は，リレーションの中から指定したタプルを取り出す演算である。すなわち，リレーション R $(A_1, \cdots, A_n)$ が持つタプルのうち，指定した条件を満たすものだけを残し，他を削除する単項演算であり，次式で定義することができる。

$$R[A_i \, \theta \, A_j] = \{ t \mid t \in R \land t[A_i] \, \theta \, t[A_j] \} \tag{3.6}$$

または

$$R[A_i \, \theta \, c] = \{ t \mid t \in R \land t[A_i] \, \theta \, c \} \tag{3.7}$$

ここで，$\{ t \mid$ 条件 $\}$ は条件を満たす t の組の集合を，$t \in R$ は t が集合 R

の要素であることを，∧は論理積（かつ）を，θは比較演算子（＝，＜，＞，≦，≧，≠）を，cは定数を意味している。**図3.5**に選択演算の例を示す。

R

A	B	C
a	b	c
d	a	e
a	d	c

R[C = c]

A	B	C
a	b	c
a	d	c

図3.5 選 択 演 算

3.3.2 射 影 演 算

　射影演算は，リレーションの中から指定したアトリビュートを取り出す演算である。すなわち，リレーション $R (A_1, \cdots, A_n)$ が持つアトリビュートのうち，指定したアトリビュートを満たすものだけを残し，他を削除する単項演算である。リレーション R のアトリビュート集合 X を $X = \{A_1, A_2, \cdots, A_m\}$ とすると，射影 $R[X]$ は次式で定義することができる。

$$R[X] = R[A_1, A_2, \cdots, A_m] = \{u \mid t \in R \land u = t[A_1, A_2, \cdots, A_m]\} \qquad (3.8)$$

　ここで，$\{u \mid 条件\}$ は条件を満たす u の集合を，$t \in R$ は t が集合 R の要素であることを，∧は論理積（かつ）を，$t[A_1, A_2, \cdots, A_m]$ はタプル t 中のアトリビュート $A_1, A_2, \cdots, A_m$ の値からなるタプルを意味している。**図3.6**に射影演算の例を示す。

R

A	B	C
a	b	c
d	a	e
a	d	c

R[A, C]

A	C
a	c
d	e
a	c

図3.6 射 影 演 算

3.3.3 結 合 演 算

結合演算は，共通のアトリビュートを結合のキーとして，複数のリレーショ
ンを結び付ける演算である。結合演算は，直積演算と選択演算を組み合わせる
ことで，同じ結果を得ることができる。リレーション R と S のアトリビュー
ト A_i と B_j 上の θ 結合は，R と S の直積集合の部分集合であり，かつ A_i の値
と B_j の値とが θ の条件を満たすタプルの集合だけからなるリレーションであ
り，次式で定義することができる。

$$R[A_i\,\theta\,B_j]S = \{u \mid u \in R \times S \wedge u[R.A_i]\,\theta\,u[S.B_j]\} \tag{3.9}$$

ここで，$\{u \mid 条件\}$ は条件を満たす u の集合を，$t \in R$ は t が集合 R の要
素であることを，$\wedge$ は論理積（かつ）を，θ は比較演算子（$=$，$<$，$>$，$\leq$，
$\geq$，$\neq$）を，$u[R.A_i]$ はリレーション R 中のタプル u 中のアトリビュート A_i
の値を意味している。**図 3.7** に結合演算の例を示す。

R		
A	B	C
a	b	c
d	a	e
a	d	c

S		
D	E	F
a	f	d
d	c	b

R[A=D]S					
A	B	C	D	E	F
a	b	c	a	f	d
d	a	e	d	c	b
a	d	c	a	f	d

図 3.7　結 合 演 算

なお，結合演算 $R\,[A_i\,\theta\,B_j]\,S$ は，直積演算と選択演算とを用いることに
よって次式で表現することができる。

$$R[A_i\,\theta\,B_j]S = (R \times S)[A_i\,\theta\,B_j] \tag{3.10}$$

結合条件の比較演算子 θ が $=$ の結合演算を**等結合**（equi-join），それ以外の
結合を**θ 結合**（θ-join）と呼んで区別している。また，二つのリレーションの
中に共通のアトリビュートが存在した場合には，等結合では同じアトリビュー
トの値の重複が生じる場合がある。このために，このような重複を排除するた
めに**自然結合演算**（natural join）がある。**図 3.8** に自然結合演算の例を示す。

R		
A	B	C
a	b	c
b	c	d
c	d	e
d	e	f

S		
B	C	D
b	c	f
d	e	a
d	e	c

RとSの自然結合

A	B	C	D
a	b	c	f
c	d	e	a
c	d	e	c

図3.8 自然結合演算

3.3.4 商 演 算

商演算は，データベースの割り算である。リレーション R をリレーション S で割る商は $R \div S$ で表現する。$R \div S$ は，$R = \{A_1, \cdots, A_n\}$ から $S = \{B_1, \cdots, B_m\}$ に含まれないアトリビュート集合を射影した集合中のタプルで，かつその各タプルと S 中のすべてのタプルの組が R 中に存在するタプルの集合からなるリレーションで，次式で定義することができる。

$$R \div S = \{t \mid t \in R[A_1, A_2, \cdots, A_{n-m}] \wedge (\forall u \in S)((t, u) \in R) \qquad (3.11)$$

ここで，$\{t \mid$ 条件$\}$ は条件を満たす t の集合を，$t \in R$ は t が集合 R の要素であることを，$\wedge$ は論理積（かつ）を，$(\forall u \in S)$（条件）はリレーション S の要素であるすべてのタプル u に対して条件を満たすことを意味している。図3.9に商演算の例を示す。

R			
A	B	C	D
a	b	c	d
a	b	e	f
b	c	e	f
d	e	c	d
d	e	c	f
d	e	e	f

S	
C	D
c	d
e	f

$R \div S$	
A	B
a	b
d	e

図3.9 商 演 算

なお，商演算 $R \div S$ は，直積演算，差集合および射影演算を用いることによって，次式のように表現することができる。

$$R \div S = R[A_1, A_2, \cdots, A_{n-m}]$$
$$- ((R[A_1, A_2, \cdots, A_{n-m}] \times S) - R)[A_1, A_2, \cdots, A_{n-m}] \quad (3.12)$$

また，直積演算と商演算との間には次の関係がある。

$$T \times S \div S = T \quad (3.13)$$

これは，$T \times S = R$ ならば，$R \div S = T$ であることを示しているが，$R \div S = T$ でも必ずしも $T \times S = R$ になるわけではない。

演　習　問　題

3.1 関係データベースにおいて，表から特定の行だけを取り出す操作はどれか。

（ア）結合　　（イ）削除　　（ウ）射影　　（エ）選択

3.2 「東京店」表と「大阪店」表がある。このとき，東京店—大阪店のタプル数を a，東京店∩大阪店のタプル数をbとした場合，a と b の値はいくらか。

東京店

商品番号	商品名
1000	セータ（黒）
1002	セータ（赤）
2000	シャツ（白）
2001	シャツ（青）
2005	シャツ（黄）

大阪店

商品番号	商品名
1000	セータ（黒）
1001	セータ（白）
2000	シャツ（白）
2001	シャツ（青）
2002	シャツ（緑）

（ア）a = 2, b = 2　　（イ）a = 2, b = 3
（ウ）a = 3, b = 2　　（エ）a = 3, b = 3

3.3 関係代数演算に関する記述のうち，適切なものはどれか。

（ア）結合は，ある二つの関係のタプルについて，両方のすべての組合せからなる関係を求める。

（イ）差は，ある二つの関係の両方または片方に現れるタプルからなる関係を求める。

（ウ）射影は，ある関係から一部の属性を取り出したタプルからなる関係を求める。

（エ）商は，ある二つの関係のうち，一つ目の関係だけに現れるタプルからなる関係を求める。

3.4 「商品」表と「納品」表を商品番号で等結合した結果表を示せ。

商品

商品番号	商品名	価格
S01	ボールペン	150
S02	消しゴム	80
S03	クリップ	200

納品

商品番号	顧客番号	納品数
S01	C01	10
S01	C01	30
S02	C02	20
S02	C03	40
S03	C03	60

3.5 関係代数演算における直積集合に関する記述として，正しいものはどれか。

(ア) ある属性の値に条件を付加して，その条件を満たすタプルを取り出した集合である。

(イ) 関係の属性の部分集合の値を導出した集合である。

(ウ) 二つの関係から，あらかじめ指定されている二つの列の2項関係を満たすタプルの集合である。

(エ) 二つの関係から，任意のタプルを1個ずつ取り出したタプルの集合である。

3.6 「履修」表と「担当」表を自然結合した結果表を示せ。

履修

学生	科目
山田太郎	情報処理
山田太郎	代数
加藤花子	情報処理

担当

科目	教官
情報処理	鈴木一郎
代数	斉藤正樹

3.7 R表とS表から，関係代数演算$R \div S$で得られた結果を示せ。

R

X	Y	Z
a	1	甲
b	2	甲
a	1	乙
b	2	丙

S

X	Y
a	1
b	2

3.8 次の関係 R, S, T, U において，関係代数 $R \times S \div T - U$ で得られた結果を示せ。

R	
A	B
1	a
2	b
3	a
3	b
4	a

S
C
x
y

T
A
1
3

U	
B	C
a	x
c	z

3.9 以下の英文を和訳しなさい。

Relational algebra is essentially equivalent in expressive power to relational calculus (and thus first-order logic); this result is known as Codd's theorem.

Some care, however, has to be taken to avoid a mismatch that may arise between the two languages since negation, applied to a formula of the calculus, constructs a formula that may be true on an infinite set of possible tuples, while the difference operator of relational algebra always returns a finite result.

4章
データベース設計

データベースの設計は，概念設計，論理設計および物理設計の三つの段階に分けて行われる。本章では，データベース設計の概要，概念データモデルのモデリング技法，論理データモデルのモデリング技法について述べる。

4.1　データベース設計の概要

データベース設計は，データベースによってデータを管理できるように，実世界を抽象化してデータモデルを作成していく作業といえる。データモデルは，2章で述べたようにデータベースをどのように構成するかということを定義したものである。このデータモデルを作成していく作業は，**図 4.1** に示すように**概念設計**，**論理設計**および**物理設計**という三つの段階により行われる。概念設計の出力が概念データモデルであり，論理設計はその概念データモデルを入力して，論理データモデルを出力する作業である。そして，物理設計は論理データモデルを入力して物理データモデルを出力する作業である。

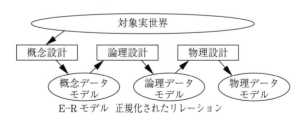

図 4.1　データベースの設計

（1） 概念設計

　概念設計は，データベースによって管理の対象とするものを実世界から抽出して概念モデルを作成する。概念データモデルは，計算機への実装を前提としておらず，特定のDBMSには依存していない。概念データモデルの作成にあたっては，**E-R モデル**（実体関連モデル）がよく使用される。E-R モデルは，その名の示すとおり，実体（エンティティ）と関連（リレーションシップ）によってモデルを作成する。実体は実世界を構成する実体そのもの，関連は実体間のつながりを表現するものである。また，実体や関連は属性（アトリビュート）を持つことができる。

（2） 論理設計

　論理設計では，概念設計によって作成された概念モデルを，特定のデータモデルに対応した論理モデルに変換する。したがって，リレーショナルデータベースによってデータを管理するのであれば，E-R モデルからリレーショナルモデルを作成していく。E-R モデルからリレーショナルモデル，すなわちリレーション（表，テーブル）への変換は機械的に行うことができる。

　しかし，そのままリレーションに変換しただけでは，リレーショナルモデルとして適切な形式にならない場合がある。したがって，論理設計ではテーブルをリレーショナルモデルとして適切な形式に変換する作業である**正規化**（normalization）を行う。表を正規化することによってデータの冗長性や不整合の発生を減少させることができる。また，論理設計では，E-R モデルにおける属性をテーブルの列としてデータ型を決定し，表や列に対する制約の定義もこの段階で行う。

（3） 物理設計

　物理設計の段階になって初めてデータベースとしての性能について考慮する。具体的には，論理設計において正規化した表の定義を崩したり，**インデックス**（index）を定義したりして性能が向上するようにモデルを修正していく。また，物理設計では使用するデータベースに依存する機能を使用することもある。物理設計によって修正されたモデルを物理モデルと呼び，このモデルを

もって実際にデータベースによって管理することができる形式となる。

4.2 　概念データモデルのモデリング技法

　概念データモデルのモデリング技法である E-R モデルについては，2.3 節でその概要の説明をしたが，ここではより詳細な説明をする。

4.2.1 　E-R モデルの表現要素

　E-R モデルは，エンティティタイプ（実体型）というレコード型をリレーションシップ（関連）で結びつけて，実世界のデータ体系を定義する。

（1） エンティティタイプ

　エンティティタイプとは，実世界の中で同じ性質を持つ個々のモノやデータを抽象化したデータ型のことである。一般に，エンティティタイプにはその性質を表現する複数の属性が存在する。

　エンティティタイプを ERD で表現するには，**図 4.2** に示すように長方形でエンティティタイプを表し，その中にエンティティ名を記述する。なお，属性も表現したい場合には長方形を 2 段に分割し，上段にエンティティ名を下段に属性名の並びを記入する。主キーを表す場合には，主キーを構成する属性名または属性名の組に実線の下線を付ける。外部キーを表す場合は，外部キーを構成する属性名または属性名の組に破線の下線を付ける。ここで，主キーや外部キーについては 5.2 節で説明するが，主キーはそのエンティティタイプを一意に特定するための属性名または属性名の組であり，外部キーについては，他のエンティティタイプを一意に特定するための属性名または属性名の組である。

エンティティタイプ
<u>属性名 1</u>，<u>属性名 2</u>， ・・・<u>属性名 n</u>

図 4.2 　エンティティタイプの記述方法

（2） リレーションシップ

リレーションシップは，エンティティタイプ間の関連を示すものである。エンティティタイプは，レコード型として属性を持たせたリレーションシップタイプ（関連型）として表現することもできる。**図4.3**に示すように，ERDで表現する方法は二つある。属性を持つリレーションシップタイプは，ひし形で表現し，その中にリレーションシップ名を記入する。属性を記述したいときは横線を引き属性名を記入する。属性を持たないリレーションシップタイプは，図に示すようにエンティティタイプを線で結ぶ。

図4.3 リレーションシップタイプの記述方法

4.2.2 カーディナリティ

エンティティタイプ間のリレーションシップにおいて，エンティティインスタンスの対応関係のことを**カーディナリティ**という。ERDにおけるカーディナリティには，1対1，1対多（1対n），多対多（n対n）の三つがある。

- ・1対1：「発注」と「納品」のように同じ単位で行われる関係は，1対1の関係になる。
- ・1対多：一つの商品が繰り返し発注される場合，「商品」と「発注」は，1対多の関係になる。
- ・多対多：一人の顧客が複数の商品を購入し，一つの商品は複数の顧客に販売される場合，「顧客」と「商品」は多対多の関係になる。なお，多対多の関係をリレーショナルスキーマで表現しようとすると，冗長となったり整合性維持が複雑になったりするので，通常は新たなエンティティタイプを生成し，1対多の関係になるように再設計されることが多い。

ERDでのカーディナリティを**図4.4**に示す。図に示すように矢印が"多"の対応関係を示す。

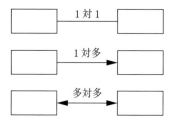

図4.4 ERD でのカーディナリティ

4.2.3 スーパータイプとサブタイプ

スーパータイプと**サブタイプ**は，汎化－特化の関係（is-a 関係）を表すために利用する。スーパータイプは，共通の属性，各サブタイプにはそれぞれに固有の属性を格納する。スーパータイプとサブタイプ構成となるか否かは，以下のような条件による判断できる。

　① 汎化－特化の関係であること。

　② テーブルの主キーが一致すること。

　③ サブタイプ間に排他的関係が存在すること。

　④ サブタイプを個別に参照する要件があること。

スーパータイプ・サブタイプ構成になる例を以下に示す。

（1） 会員がスーパータイプとサブタイプ構成になる例

図4.5 に示すような会員と個人会員，法人会員との関係である。会員は個人会員と法人会員があり，会員番号は一意な番号で管理され，個人会員にはクレジッドカード番号，法人会員には請求書送付先などの排他的属性が存在している。

図4.5 会員についてのスーパータイプとサブタイプ

（2）　サービス品目がスーパータイプとサブタイプ構成になる例

図4.6に示すようなサービス品目と基本サービス品目，付加サービス品目との関係である。サービス品目は基本サービス品目と付加サービス品目があり，サービス品目番号は一意な番号で管理され，ユーザからはいずれかのサービスを選択し，各サービスには排他的属性が存在している。

図4.6　サービス品目についての
　　　　スーパータイプとサブタイプ

4.3　論理データモデルのモデリング技法

概念データモデルが定義できたら，個々の業務特性や計算機システムの実装に適合するDBMSを選定し，論理データモデルを定義する必要がある。概念データモデルの作成がE-Rモデルの場合には，ERDが得られている。このERDからリレーショナルデータモデルを導出する方法について説明する。

4.3.1　階層データモデル

図4.7は自己参照制約を持った階層モデルのERDである。このERDでは，親エンティティと子エンティティが1対多のリレーションシップを自己参照を許さずに繰り返していることから，階層化していることを意味している。

［自己参照を
除く］

図4.7　自己参照制約を持った
　　　　階層データモデルのERD

実世界には，会社の組織のように階層構造として表現できるものが数多くある。しかし，これらを階層データモデルで表現すると，親子関係を持たせたアクセスパスしか検索できないなどの欠点があり，階層データモデルを採用した

商用 DBMS はほとんど存在していない。

4.3.2 ネットワークデータモデル

アクセス経路を網構造とするネットワークデータモデルは，階層データモデルの親レコードを一つしか持てないという制約を撤廃したデータモデルである。レコード間にサイクルやループを許容しており，階層データモデルに比較してアクセスパスなどの自由度が高いデータモデルである。ループは，図4.7において［自己参照を除く］という制約を除いたものとして表現される。

4.3.3 関係データモデル

ERD で表現された概念データモデルを，関係データモデルを用いて論理データモデルに変換する場合，多対多のリレーションシップを排除する必要がある。関係の間に新たにエンティティを挿入して，1対多のリレーションシップに変更する。

実体を表すエンティティについては，正規化を行い，主キーでタプルを識別でき，外部キーで分割したリレーションのタプルを参照できるようにする。また，参照関係にあるリレーションの間には，参照制約を維持するための規則を設定する。

演 習 問 題

4.1 データベース設計の大まかな流れを説明せよ。

4.2 次の ERD は科目履修に関する概念設計で描かれたものである。この内容を説明せよ。

4.3 販売会社が，商品の注文を受ける場合のエンティティ（顧客，商品，受注，受注品目）間の関係を E-R モデルで表現したい。a〜d に入れるべきエンティティの組合せとして適切なものはどれか。ここで，顧客は繰り返し注文を行い，同時に複数の商品を注文するものとする。また，→は，1 対多のカーディナリティを表す。

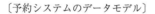

	a	b	c	d
（ア）	顧客	受注	受注品目	商品
（イ）	受注	受注品目	顧客	商品
（ウ）	商品	受注	受注品目	顧客
（エ）	商品	受注品目	受注	顧客

4.4 図書館の予約システムの一部について，次のようなデータモデルを作成した。この説明として適切なものはどれか。ここで，→は 1 対多のカーディナリテイを表し，関係スキーマにおける下線の付いた属性は主キーを表す。

〔予約システムのデータモデル〕

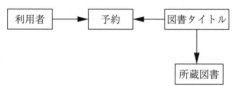

利用者（利用者 ID，利用者名，住所）
予約（利用者 ID，図書タイトル ID，予約日）
図書タイトル（図書タイトル ID，分類コード，書名，著者）
所蔵図書（所蔵図書 ID，図書タイトル ID，購入日，累積貸出回数）
- （ア）　所蔵図書エンティティと図書タイトルエンティティの間の矢印は逆である。
- （イ）　図書タイトルエンティティと所蔵図書エンティティを分けるのは冗長である。
- （ウ）　図書タイトルエンティティは，物理的な実態を伴わない抽象的なエンティティである。
- （エ）　予約時に貸し出す所蔵図書が決定できるようになっている。

4.5 受注システムにおいて，図のようなデータモデルから「顧客」表，「注文」表，「商品」表を作成した。これらの表に関する記述として適切なものはどれか。ここで，1 * は1対多のカーディナリティを表し，線上の名称はロール名である。また，表定義中の実線は主キーを，破線は外部キーを表す。

データモデル

顧客（<u>顧客コード</u>，顧客名，住所）
注文（<u>注文コード</u>，注文主，届け先，商品コード，数量）
商品（<u>商品コード</u>，商品名）

（ア）　ある顧客は，自分が注文主でかつ届け先であることができる。
（イ）　顧客は，注文主顧客と届け先顧客のどちらか一方に分類される。
（ウ）　一つの注文に複数の商品があってもよい。
（エ）　一つの注文に複数の注文主と届け先があってもよい。

4.6 論理データモデルの特徴に関する記述中のa～cに入れるべき字句の適切な組合せはどれか。

階層モデルおよびネットワークモデルは，実体間の関係を親子関係の組合せで表現する。階層モデルでは，一つの子は a を持ち，ネットワークモデルでは，一つの子は b を持つことができる。一方，関係モデルは，数学の集合概念に基礎をおき，一つの表の一つの行と，別の表の行との関係付けは c によって行う。

	a	b	c
（ア）	必ず一つの親	複数の親	値の一致
（イ）	必ず一つの親	複数の親	ポインタ
（ウ）	複数の親	必ず一つの親	値の一致
（エ）	複数の親	必ず二つの親	ポインタ

4.7 以下の英文を和訳しなさい。

Database design is the process of producing a detailed data model of a database. This logical data model contains all the needed logical and physical design choices and physical storage parameters needed to generate a design in a Data Definition Language, which can then be used to create a database.

A fully attributed data model contains detailed attributes for each entity.

5章
リレーションの正規化

　関係データベースは，関係データモデルに基づいて設計・開発されるデータベースである。データは表に類似した構造で管理され，複数のデータがリレーションと呼ばれる構造で相互連結することができる。データベースの利用者は，クエリ（問合せ）をデータベースに与え，複数の関係を連結させてデータの検索や変更をすることができる。

　本章では，正規化の概要，キー，関数従属性，非正規形，第1正規形，第2正規形，第3正規形，そしてボイス・コッド正規形について述べる。

5.1　正規化の概要

　リレーションの**正規化**（database normalization）は，一つの事実を一か所に保管する（one fact in one place）ことを原則とし，冗長性を排除することで，データの更新時異常を防ぐことにより，データの格納効率の向上，データの更新処理の効率化などを図ることである。正規化の段階に応じて，非正規形，第1正規形，第2正規形，第3正規形，ボイス・コッド正規形，第4正規形，および第5正規形が定義されている。しかし，過度に正規化を進めると目的のデータを得るためにリレーションの結合演算が必要になり，アクセス効率が落ちてレスポンスが低下するので，実際に利用されているのは第3正規形，またはボイス・コッド正規形までである。

　この正規形を理解するためには，キーと関数従属性について知る必要があるので，キーと関数従属性について説明する。

5.2 キー

リレーショナルデータベース（RDB）において，特別な意味を持つ属性または属性の組を**キー**（key）と呼ぶ。キーに関する代表的な概念を以下に示す。

（1）　**スーパーキー**（super key）　　RDB のリレーションは，同じ値を持つタプルは存在せず，すべてのタプルは区別されなければならない。そのためには，リレーションの中の一つの属性または複数の属性の組によって，タプルを一意に識別できるようにする必要がある。タプルを一意に識別できる属性集合をスーパーキーという。スーパーキーには，行を一意に識別するために必要のない属性を含んでもよい。すべてのリレーションは，少なくとも "そのリレーションが持つすべての属性の組" を一つのスーパーキーとして持つ。

（2）　**候補キー**（candidate key）　　リレーションのタプルを一意に識別する属性集合のうち，必要最小限の属性集合を候補キーという。候補キーは一つのリレーションの中に複数存在する場合がある。

（3）　**主キー**（primary key）　　候補キーの内の一つを任意に選択したものを主キーという。主キーは一つのリレーションの中に必ず一つだけ存在する。また，値を設定する必要があり，NULL は許されない。主キーには，一意性制約と非 NULL 制約の二つの制約が課されている。また，主キー以外の候補キーを代替キー（alternative key）または 2 次キー（secondary key）という。

（4）　**非キー属性**　　どの候補キーの構成要素でもない属性を非キー属性という。

（5）　**NULL 値**（ナル値）　　NULL 値は，値が存在しないという特別な値を意味する。例えば，リレーション「社員（社員番号，社員名，所属支店，入社日）」の属性 "所属支店" に，NULL 値が許可されているとすると，「どの支店にも所属していない社員がいる」ということを表している。

（6）　**外部キー**（foreign key）　　同じ定義域を持つ他のリレーションの主キー（または，候補キー）を参照するキーを外部キーという。二つのリレー

ション R（…，FK，…）と S（PK，…）の間で，S の主キー PK と同じ属性
（または属性の組）の定義域を持つ属性（または属性の組）が R にあれば，そ
の R の属性（または属性の組）を外部キー FK といい，"R の外部キーは S を
参照する"という。ここで，R と S は同じリレーションでもかまわない。

　図5.1に主キー，候補キー，外部キーの例を示す。リレーション「支店」
は，「支店名」だけでタプルを一意に識別することができるので主キーになる。
また，「所在地」や「代表電話便号」も同じ値がないので候補キーになりえる
と思われるが，同じ所在地に支店が複数存在する可能性をあるので，「代表電
話便号」を候補キーとするのが妥当である。リレーション「社員」では，「社
員番号」がタプルを一意に識別することができるので主キーである。一方，リ
レーション「社員」の「所属支店」と「所属長番号」は，それぞれ外部キーで
ある。ここで，「所属支店」はリレーション「支店」の「支店名」を参照し，
「所属長番号」は同一リレーションの「社員番号」を参照している。この例の
ように，主キーは属性名に下線を，外部キーは属性名に破線の下線を引いて表
している。

支店

支店名	所在地	代表電話番号
関西	大阪	06-1234-9999
中国	広島	082-111-1111
九州	福岡	092-123-3456

社員

社員番号	社員名	所属支店	入社日	所属長番号
100100	中村	関西	2010.04.01	100400
100200	佐藤	中国	2010.04.01	100400
100300	山田	九州	1999.04.01	100300
100400	高木	関西	2000.04.01	100400
100500	井上	九州	2010.04.01	100300

図5.1　主キー，候補キー，外部キーの例

5.3　関数従属性

あるリレーションにおいて，属性 A が特定できれば属性 B が一意に決まるという関係を，"A は B を関数的に決定する"，または"B は A に対して関数従属している"といい，$A \rightarrow B$ と表す。例えば，顧客番号がわかれば顧客名が一意に決まる場合，顧客名は顧客番号に関数従属しているといい，"顧客番号→顧客名"と表す。情報処理技術者試験で用いられる**関数従属性**（functional dependency）の表記法を**図 5.2** に示す。

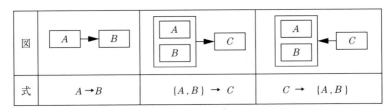

図 5.2　関数従属性の表記法

（1）　完全関数従属性

$X \rightarrow Y$ で，かつ X のどんな真部分集合 X'（$X' \subset X$，かつ $X' \neq X$）に対しても，$X' \rightarrow Y$ を満たさないならば，Y は X に対して完全関数従属しているという。すなわち，$X = \{A, B, C\}$ のときに，次のいずれの関数従属もないならば，$X \rightarrow Y$ は完全関数従属である。

・$\{A, B\} \rightarrow Y$　　　・$\{A, C\} \rightarrow Y$　　　・$\{B, C\} \rightarrow Y$

・$\{A\} \rightarrow Y$　　　　・$\{B\} \rightarrow Y$　　　　・$\{C\} \rightarrow Y$

例えば，**図 5.3** に示すように，主キーが｛受注番号，受注明細番号｝であるリレーション「受注明細｛受注番号，受注明細番号，商品名｝」において，｛受注番号，受注明細番号｝→｛商品名｝であるとする。この場合，｛受注番号，受注明細番号｝の真部分集合である"受注番号"より"商品"は決まらず，また，"受注明細番号"より"商品"も決まらない。このような場合は，｛受

受注明細

受注番号	受注明細番号	商品名
001	01	CD-ROM
001	02	パソコン
002	01	プリンタ
002	02	CD-ROM
003	01	パソコン

{ 受注番号, 受注明細番号 } → { 商品名 } は完全関数従属

図 5.3　完全関数従属の例

注番号, 受注明細番号 } → { 商品名 } は完全関数従属であるという。

（2）　部分関数従属性

{ A, B } → { C } という関数従属があり，{ A } → { C } または { B } → { C } の関係が存在する場合，{ C } は { A, B } に部分関数従属しているという。

例えば，**図 5.4** に示すように，主キーが { 販売番号, 商品コード } であるリレーション「販売明細 { 販売番号, 商品コード, 商品名, 個数 }」において，{ 販売番号, 商品コード } → { 商品名 } であるが，{ 商品コード } → { 商品名 } でもある。このような場合は，{ 商品名 } は { 販売番号, 商品コード } に部分関数従属しているという。

販売明細

販売番号	商品コード	商品名	個数
1	1001	弁当	3
1	1002	パン	4
1	2001	お茶	7
2	1001	弁当	1
2	2001	お茶	1
3	1003	おにぎり	5
3	2002	ジュース	5

{ 商品名 } は { 販売番号, 商品コード } に部分関数従属

図 5.4　部分関数従属の例

（3）　**推移的関数従属性**

$X \to Y$であり，$Y \to Z$であり，かつ$Y \to X$でないならば，$X \to Z$の関数従属が存在する。この関数従属，$X \to Z$を推移的関数従属といい，"ZはXに対して推移的関数従属である"，または"ZはXに対して推移的に従属する"という。

例えば，**図5.5**に示すようなリレーション「店舗｛店舗コード，店舗名，支部コード，支部名｝」において，｛店舗コード｝→｛支部コード｝→｛支部名｝という推移的関数従属がある。一方，｛店舗コード｝→｛店舗名｝→｛支部名｝という関係は，｛店舗名｝→｛店舗コード｝という関係があるため，推移的関数従属にはならない。

店舗

店舗コード	店舗名	支部コード	支部名
001	新宿	01	東京
002	原宿	01	東京
003	渋谷	01	東京
004	梅田	02	大阪
005	難波	02	大阪
006	天王寺	02	大阪
007	中州	03	福岡

｛店舗コード｝→｛支部コード｝→｛支部名｝
図5.5　推移的関数従属の例

（4）　**自明な関数従属性**

属性集合Yが属性集合Xの部分集合ならば，$X \to Y$の関数従属性が必ず成立し，この関数従属性$X \to Y$（$Y \subset X$）を自明な関数従属という。

例えば，リレーション顧客において$X =$｛顧客コード，顧客名｝の部分集合は$Y =$｛顧客コード｝であるので，｛顧客コード，顧客名｝→｛顧客コード｝が成立する。また，部分集合Yの特殊な場合として，$Y = \phi$（空集合）や$Y = X$も許容している。したがって，それらの場合には，$X \to \phi$および$X \to X$も自明な関数従属である。

（5）　関数従属性の公理

X, Y, Zをリレーション R の属性集合とすると，関数従属性のいくつかの特性を導き出すことができる。最も重要な特性は**アームストロングの規則**であり，リレーションの正規化において使われている。

①　反射律　　Y が X の部分集合であれば，$X \rightarrow Y$ である。

②　増加律　　$X \rightarrow Y$ であれば，$X \cup Z \rightarrow Y \cup Z$ である。

③　推移律　　$X \rightarrow Y$ かつ $Y \rightarrow Z$ であれば，$X \rightarrow Z$ である。

これらの公理を用いることにより，以下の規則を導くことができる。

④　合併律　　$X \rightarrow Y$ かつ $X \rightarrow Z$ であれば，$X \rightarrow Y \cup Z$ である。

⑤　擬推移律　　$X \rightarrow Y$ かつ $W \cup Y \rightarrow Z$ であれば，$X \cup W \rightarrow Z$ である。

⑥　分解律　　$X \rightarrow Y$ かつ $Z \subseteq Y$ であれば，$X \rightarrow Z$ である。

5.4　非　正　規　形

属性値に繰り返しを持つような属性が存在する場合は，そのリレーション（表，テーブル）を非正規形という。繰り返しとは，**図 5.6** の「受注」表のように，大きな1行の中に複数の行が存在するかたちである。

受注

受注番号	顧客コード	顧客名	受注日	商品コード	商品名	単価	受注数	受注金額
1071	H101	佐藤電気	2010.08.01	T01	テレビ	90000	10	900000
				V40	ビデオ	50000	3	150000
				P22	PC	110000	5	550000
1074	K301	鈴木商会	2010.08.02	T02	テレビ	150000	5	750000
				V41	ビデオ	30000	10	300000
1075	K399	山本電気	2010.08.02	P30	PC	60000	10	600000

図 5.6　非正規形の例（「受注」表）

5.5 第 1 正規形

非正規形の表から繰り返しを排除し，データベースに格納できるかたちに変換した表を**第1正規形**（1NF: first normal form）の表という。

【第1正規形の定義】 リレーションが単純な定義域上で定義されていること。

非正規形の種類は以下の3種類に大別される。

① 属性の定義域が配列，集合，リストのような繰り返し項目を持つ場合

② 属性が複数項目の組のような複合項目の場合

③ 属性が複合項目の繰り返しになっている場合

以下，それぞれの場合を説明する。

（1） 属性の定義域が配列，集合，リストのような繰り返し項目を持つ場合

この場合に対応する非正規形のリレーション例を**図5.7**（a）に示す。この

部署 ID	部署業務	業務区分	従業員 ID
0001	設計	直接業務	800100544
			880100333
			900100666
0002	総務	間接業務	800100378
			900101135

（a） 非正規形

部署 ID	部署業務	業務区分	従業員 ID
0001	設計	直接業務	800100544
0001	設計	直接業務	880100333
0001	設計	直接業務	900100666
0002	総務	間接業務	800100378
0002	総務	間接業務	900101135

（b） 第1正規形

図5.7 非正規形から第1正規形への変換（その1）

リレーションでは，一つのタプルで一つの部署を表しており，一つの部署に複数の従業員が所属しているので，属性“従業員ID”の定義域が集合になっている。このような場合には，図（b）に示すように，属性を繰り返し項目ではなく，単純に値を持つ単純構造にすることで第1正規形に変換することができる。すなわち，繰り返し項目の各要素ごとに異なるタプルとし，他の属性値はもとのタプルと同じ値を用いることにより，繰り返し項目の排除が行われている。

（2）　属性が複数項目の組のような複合項目の場合

　この場合に対応する非正規形のリレーション例を**図5.8**（a）に示す。このリレーションでは，属性“従業員”が｛従業員ID，従業員名｝からなる値の組になっている。このような場合には，図（b）に示すように，それぞれの項目を独立した属性になるようにすることで第1正規形に変換することができる。

部署ID	部署業務	業務区分	従業員	
			従業員ID	従業員名
0001	設計	直接業務	800100544	麻生　力
0001	設計	直接業務	880100333	上田信行
0002	総務	間接業務	800100378	河合　亮
0002	総務	間接業務	900101135	川崎太一
0003	開発	直接業務	910100001	木下達哉

（a）　非正規形

部署ID	部署業務	業務区分	従業員ID	従業員名
0001	設計	直接業務	800100544	麻生　力
0001	設計	直接業務	880100333	上田信行
0002	総務	間接業務	800100378	河合　亮
0002	総務	間接業務	900101135	川崎太一
0003	開発	直接業務	910100001	木下達哉

（b）　第1正規形

図5.8　非正規形から第1正規形への変換（その2）

（3）属性が複合項目の繰り返しになっている場合

この場合に対応する非正規形のリレーション例を**図5.9**（a）に示す。この
リレーションでは，一つのタプルで一つの部署を表し，属性 " 従業員 " が｛ 従
業員ID, 従業員名 ｝からなる値の組の集合になっている。このような場合に
は，上記の（1）～（2）を適用して図（b）に示すように，第1正規形に
変換することができる。

部署ID	部署業務	業務区分	従業員	
			従業員ID	従業員名
0001	設計	直接業務	800100544	麻生　力
			880100333	上田信行
			900100666	香川直人
0002	総務	間接業務	800100378	河合　亮
			900101135	川崎太一

（a）　非正規形

部署ID	部署業務	業務区分	従業員ID	従業員名
0001	設計	直接業務	800100544	麻生　力
0001	設計	直接業務	880100333	上田信行
0001	設計	直接業務	900100666	香川直人
0002	総務	間接業務	800100378	河合　亮
0002	総務	間接業務	900101135	川崎太一

（b）　第1正規形

図5.9　非正規形から第1正規形への変換（その3）

5.6　第 2 正 規 形

第1正規形の条件を満足し，かつ非キー属性が候補キーに完全関数従属して
いるように変換したリレーションを**第2正規形**（2NF : second normal form）
の表という。候補キーに部分関数従属する属性を排除することで，第2正規形
へと変換することができる。

【第2正規形の定義】

① リレーション R が第1正規形であり，かつ

② リレーション R のすべての非キー属性が R の候補キーに対して完全関数従属であること。

換言すれば，第2正規形の定義より，<u>リレーション R の候補キーの部分集合に対して関数従属である非キー属性が存在する場合は，リレーション R は第2正規形ではない</u>ともいえる。

例として，**図 5.10** に示すようなリレーション「部署一覧 { 部署ID，部署業務，業務区分，従業員ID，従業員名，管理者 }」を考える。ここで，従業員は複数の部署を兼務する場合があり，管理者は複数の部署を兼務する場合があるとすると，主キー（候補キー）は { 部署ID，従業員ID，管理者 } となり，以下の関数従属性が存在する。

（ⅰ） { 部署ID }→{ 部署業務，業務区分 }

（ⅱ） { 従業員ID }→{ 従業員名 }

したがって，このリレーション R は，候補キーの部分集合である { 部署ID } と { 従業員ID } に対して上記（ⅰ）（ⅱ）の関数従属が存在するので第2正規形ではない。

部署一覧

部署ID	部署業務	業務区分	従業員ID	従業員名	管理者
0001	設計	直接業務	800100544	麻生　力	800100544
0001	設計	直接業務	880100333	上田信行	800100544
0001	設計	直接業務	900100666	香川直人	800100544
0002	総務	間接業務	800100378	河合　亮	800100378
0002	総務	間接業務	900101135	川崎太一	800100378

図 5.10　第1正規形の例

第1正規形を第2正規形に変換するためには，候補キーの部分集合に対する関数従属性を排除する必要がある。したがって，（ⅰ） { 部署ID }→{ 部署業

務，業務区分 }より，元のリレーションから{ 部署業務，業務区分 }を分離
し，アクセスするための{ 部署 ID }を付加した新しいリレーション「部署」
を作成する。そして，（ⅱ）{ 従業員 ID }→{ 従業員名 }より，元のリレー
ションから{ 従業員名 }を分離し，アクセスするための{ 従業員 ID }を付加
した新しいリレーション「従業員」を作成する。**図 5.11** に第 2 正規形に変換
した三つのリレーションを示す。

部署

部署 ID	部署業務	業務区分
0001	設計	直接業務
0001	設計	直接業務
0001	設計	直接業務
0002	総務	間接業務
0002	総務	間接業務

従業員

従業員 ID	従業員名
800100544	鈴木一郎
880100333	田中　実
900100666	佐藤和夫
800100378	高橋幸雄
900101135	渡辺　進

部署別従業員管理者

部署 ID	従業員 ID	管理者
0001	800100544	800100544
0001	880100333	800100544
0001	900100666	800100544
0002	800100378	800100378
0002	900101135	800100378

図 5.11　第 2 正規形の例

5.7　第 3 正 規 形

　第 2 正規形の条件を満足し，かつすべての非キー属性が候補キーに推移的
関数従属しないように変換したリレーションを**第 3 正規形**（3NF : third
normal form）の表という。

【第3正規形の定義】

① リレーション *R* が第2正規形であり，かつ

② リレーション R のすべての非キー属性が R のどの候補キーに対しても
推移的関数従属でない。

　換言すれば，第3正規形の定義より，<u>リレーション *R* の候補キーに対して
推移的関数従属である非キー属性が存在する場合は，リレーション *R* は第3
正規形ではない</u>ともいえる。

　前述の図5.11に示したリレーション「部署｛部署ID，部署業務，業務区分
｝」を考える。このリレーションはすでに説明したように第2正規形となって
いるが，以下のような関数従属性が存在する。

（ⅰ）｛部署ID｝→｛部署業務｝

（ⅱ）｛部署業務｝→｛業務区分｝

　ここで，｛部署業務｝→｛部署ID｝の関数従属がないので，｛部署ID｝→｛
業務区分｝という推移的関数従属が存在するので，リレーション「部署」は
第3正規形ではない。

　第2正規形を第3正規形に変換するためには，推移的関数従属である｛部
署ID｝→｛部署業務｝→｛業務区分｝の関係を｛部署ID｝→｛部署業務｝と
｛部署業務｝→｛業務区分｝という関係に分解し，推移的関数従属性を排除す
る。すなわち，新しいリレーション「部署業務（<u>部署ID</u>，部署業務）」と「業
務区分（<u>部署業務</u>，業務区分）」を作成する。図5.11のリレーション「部署」
（第2正規形）を第3正規形に変換した二つのリレーションを**図5.12**に示す。

部署業務

部署ID	部署業務
0001	設計
0002	総務
0003	開発

業務区分

部署業務	業務区分
設計	直接業務
総務	間接業務
開発	直接業務

図5.12 第3正規形の例

5.8 ボイス・コッド正規形

ボイス・コッド正規形（BCNF：Boyce/Codd normal form）の条件は，スーパーキー以外に関数従属している属性がないことである。

【ボイス・コッドの定義】

$X \rightarrow Y$ のとき

① $X \rightarrow Y$ は自明な関数従属であるか，または

② X はリレーション R のスーパーキーである。

換言すれば，ボイス・コッドの定義より，<u>リレーション R のスーパーキー以外の属性集合に対する自明でない関数従属が存在する場合は，リレーション R はボイス・コッド正規形でない</u>ともいえる。

例えば，**図5.13** はある顧客がある支店に注文するときの担当者の一覧である。支店，顧客ごとに窓口を一本化しているので，{ 顧客名，支店 }→{ 担当者 }と{ 担当者 }→{ 支店 }の関係が存在している。部分関数従属も推移的関数従属も成立していないので，このリレーションは第3正規形である。第3正規形からボイス・コッド正規形に変換するためには，リレーションのスーパーキー以外の属性集合に対する自明でない関数従属性を排除することである。{ 担当者 }→{ 支店 }と{ 顧客名，支店 }→{ 支店 }（自明な関数従属）に着目して分割すると，「所属支店（担当者，支店）」と「担当（顧客名，担当

担当

顧客名	支店	担当者
佐藤一郎	東京	佐々木
佐藤一郎	大阪	岡崎
田中太郎	東京	佐々木
中村雅人	東京	相沢

図5.13　第3正規形の例

者)」に分割することができる。図5.13のリレーション「担当」(第3正規形)をボイス・コッド正規形に変換した二つのリレーションを**図5.14**に示す。また，分解したこの二つのリレーションを自然結合すると元のリレーションに復元できる。

担当者

顧客名	担当者
佐藤一郎	佐々木
佐藤一郎	岡崎
田中太郎	西田
中村雅人	岡本

所属支店

担当者	支店
佐々木	東京
相沢	東京
岡崎	大阪

図5.14 ボイス・コッド正規形の例

演 習 問 題

5.1 関係データベースのキーに関する記述のうち，適切なものはどれか。

  (ア)　インデックスを付与した列または列の組は，必ず候補キーである。

  (イ)　候補キーとは，表の中の行を一意に識別する列または列の組であり，一つの表に対して一つだけである。

  (ウ)　候補キーには，必ずインデックスを付与しなければならない。

  (エ)　主キーは，一つの表内に一つだけであり，一意性を保障するためにNULL値は認められない。

5.2 関係データベースの候補キーに関する記述として，適切なものはどれか。

  (ア)　値を空値(ナル)にすることはできない列または列の組。

  (イ)　検索の高速化のために，属性の値と対応するデータの格納位置を記録した列または列の組。

  (ウ)　異なる表の列の値として存在しなければならない列または列の組。

  (エ)　表の行を唯一に識別できる列または列の組。

5.3 データの正規化を行うことの意義として，適切なものはどれか。

  (ア)　アプリケーションプログラムの作成を容易にする。

  (イ)　データの重複を避け，保守・管理を容易にする。

  (ウ)　データベースの検索を効率化する。

（エ）　データベースの構造を単純化することによって，所要記憶容量を少なくする。

5.4　次の関係における各項目の関連を示す記述のうち，関数従属を表しているものはどれか。

商品コード	品　　名	単　　価	在庫数	金　　額
304	テレビ	60000	4	240000
365	テレビ	75000	2	150000
433	掃除機	60000	1	60000
523	ビデオ	150000	3	450000
701	ラジカセ	12000	5	60000

（ア）　金額が決まれば単価が決まる。

（イ）　商品コードが決まれば単価が決まる。

（ウ）　品名が決まれば商品コードが決まる。

（エ）　品名が決まれば単価が決まる。

5.5　関数従属に関する記述のうち，適切なものはどれか。ここでは，A，B，Cはある関係を示す。

（ア）　BがAに関数従属し，CがAに関数従属すれば，CはBに関数従属する。

（イ）　BがAの部分集合であり，CがAに関数従属すれば，CはBに関数従属する。

（ウ）　BがAの部分集合であれば，AはBに関数従属する。

（エ）　BとCの和集合がAに関数従属すれば，BとCはそれぞれAに関数従属する。

5.6　A，B，C，D，Eは，ある関係Rの属性集合であり，関数従属$A \rightarrow BC$，$CD \rightarrow E$が成り立つ。これらの関数従属から導かれる関数従属はどれか。ここで，XYはXとYの和集合を示す。

（ア）　$A \rightarrow E$　　　（イ）　$AD \rightarrow E$　　　（ウ）　$C \rightarrow E$　　　（エ）　$D \rightarrow E$

5.7　第1，第2，第3正規形の表がそれぞれ一つずつあり，それらの特徴はA，B，Cである。組合せとして，正しいものはどれか。

A　すべての非キー属性が，主キーに対して関数従属である。

B　すべての非キー属性が，推移的に関数従属でない。

C　属性の値として，繰り返しを持たない。

	第1正規形	第2正規形	第3正規形
(ア)	A	B	C
(イ)	A	C	B
(ウ)	C	A	B
(エ)	C	B	A

5.8 ボイス・コッド正規形の説明として，正しいものはどれか。
　　(ア)　いかなる部分従属性も成り立たない関係スキーマ
　　(イ)　推移従属性が存在しない関係スキーマ
　　(ウ)　属性の定義域が原子定義域である関係スキーマ
　　(エ)　任意の関係従属性 $A \rightarrow B$ に関して，A はその関係のキーであるか，
　　　　またはキーを含んでいる関係スキーマ

5.9 次の四つの条件を満たす正規形として，適切なものはどれか。
　　(1)　関係 R のすべての属性の値は，集合や複合値ではない。
　　(2)　関係 R のすべての非キー属性は，R の各候補キーに完全関数従属している。
　　(3)　関係 R のすべての非キー属性は，R のいかなる候補キーにも推移的に従属しない。
　　(4)　関係 R のある属性が，候補キーでない属性に関数従属している。
　　(ア)　第1正規形　　　　(イ)　第2正規形
　　(ウ)　第3正規形　　　　(エ)　ボイス・コッド正規形

5.10 ある関係データモデルを作成するときに，関係の中に反復するデータ項目を取り除いた場合，少なくとも満たす正規化はどれか。
　　(ア)　第1正規形　　　　(イ)　第2正規形
　　(ウ)　第3正規形　　　　(エ)　ボイス・コッド正規形

5.11 関係データベースの設計でデータの正規化を行う場合，ボイス・コッド正規形がよく用いられるが，そこまで正規化を進めずに第3正規化にとどめることがある。その場合の理由として，適切なものはどれか。
　　(ア)　アンサーセットを事前に絞り込むため
　　(イ)　検索処理を高速化するため
　　(ウ)　データ整合性を保証するため
　　(エ)　デッドロックを回避するため

5.12 データの正規化に関する記述のうち，適切なものはどれか．

（ア）　正規化は，データベースへのアクセス効率を向上させるために行う．

（イ）　正規化を行うと，一つの属性が複数の値を持つような入れ子の表は，排除される．

（ウ）　正規化を完全に行うと，同一の属性（例えば，社員コードや商品コードなど）を複数の表で重複して持つことはなくなる．

（エ）　非第1正規形の表に対しても，選択，射影などの関数演算の実行は可能である．

5.13 業務で使用される帳票データを正規化する方法に関する記述のうち，適切なものはどれか．

（ア）　異音同義語の統一などの個々のデータ項目の整備は正規化の後に行う．

（イ）　検索キーとなっていない項目を，正規化の過程でキーにすることはない．

（ウ）　帳票の出力順を規定するシーケンスは，正規化において必ずエンティティのキーになる．

（エ）　データ項目に繰返し部分がある場合，その部分の分離を行う．

5.14 次の関係「課題添削」に関する以下の問いに答えよ．

（1）　正規形名とその根拠を答えよ．

（2）　データを追加するとき問題となる不都合を答えよ．

課題添削（受講番号，課題答案，課題番号，指導者，講評，点数，返却日）

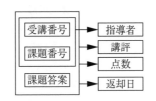

5.15 次の関係「受講生」に関する以下の問いに答えよ．

（1）　正規形名とその根拠を答えよ．

（2）　データを追加，削除，変更するときに，問題となる不都合をそれぞれ答えよ．

受講生（受講番号，会員番号，氏名，住所，性別）

5.16　次の関係「受講」は何正規形か。その正規形名とその根拠を答えよ。

受講（受講番号，講座名，会員番号，学資支払日，開始日，修了日）

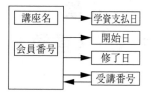

5.17　以下の英文を和訳しなさい。

Second normal form (2NF) is a normal form used in database normalization. 2NF was originally defined by E.F. Codd in 1971.

A table that is in first normal form (1NF) must meet additional criteria if it is to qualify for second normal form.

Specifically: a 1NF table is in 2NF if and only if, given any candidate key K and any attribute A that is not a constituent of a candidate key, A depends upon the whole of K rather than just a part of it.

6章
関係データベース言語 SQL（その1）

　関係データベース言語 SQL は，関係データモデルに基づく標準のデータベース言語であり，**データ定義言語**（DDL），**データ操作言語**（DML），**データ制御言語**（DCL）の三つがある。

　本章では，SQL の概要，データ定義言語，データ操作言語，そしてデータ制御言語について述べる。

6.1　SQL の概要

　データベースの利用者にとって，関係データモデルのデータ操作を関係代数（3章）を用いて直接使用することは必ずしも適していない。すなわち，実用的な DBMS ではデータの更新やデータベースの定義（スキーマの定義），アクセス権の制御，問合せの集計処理，ソーティングなどが要求されるが，関係代数はそのような要求を満足させることはできない。SQL は，このような背景から開発された関係データモデルに基づく標準のデータベース言語である。

　現在，ほとんどの RDBMS では SQL を用いてデータアクセスをサポートしているので，情報システムの開発・運用などで RDBMS に関わることになるならば，この SQL を避けて通ることはできない。SQL の特徴には以下のようなものがある。

　①　**関係データモデルへの準拠**　　関係データベースモデルに基づいて定義された言語であること。

　②　**公的機関による標準化**　　公的機関により標準化されており，ほとん

どの RDBMS 製品が実際に使用している規格であること。

③ **管理機能の実装**　　データへのアクセスだけでなく，テーブルなどの管理機能も標準化していること。

④ **セット処理への対応**　　データに1件ずつアクセスするだけでなく，条件を満たすデータに対して一括して操作を行うことができること。

　次に，関係データモデルと SQL の用語の対応を**表6.1**に示す。表に示すように，SQL では，関係（リレーション）は**表（テーブル）**，属性（アトリビュート）は**列**，タプルは**行**と呼ばれる。

表6.1　関係データモデルと SQL の用語の対応

関係データモデル	SQL
関係（リレーション）	表（テーブル）
属性（アトリビュート）	列
タプル	行
定義域（ドメイン）	定義域（ドメイン）

　また，SQL が提供している三つの言語についての概略を以下に示す。

　（**1**）　**データ定義言語**（DDL）　　データベースにデータを格納するには，まずデータの入れものをどのような構造にするかを定義する必要がある。**表6.2**に示すように DDL にはテーブルやビュー作成を行う命令がある。

表6.2　データ定義言語

命　令	意　味
CREATE TABLE	テーブルの作成
CREATE VIEW	ビューの作成

　（**2**）　**データ操作言語**（DML）　　DML は，表内のデータの参照・更新・追加・削除などを行うための命令である。**表6.3**に示すような命令がある。

　（**3**）　**データ制御言語**（DCL）　　DCL は，データベースのアクセス権などを定義するための命令である。**表6.4**に示すような命令がある。

表 6.3 データ操作言語

命　令	意　味
SELECT	データの参照
UPDATE	データの更新
INSERT	データの追加
DELETE	データの削除

表 6.4 データ制御言語

命　令	意　味
GRANT	権限の付与
REVOKE	権限の取消

6.2　データ定義言語

　データ定義言語（DDL：data definition language）にはテーブル作成やビュー作成を行う命令があり以下で説明する。テーブルは，**実表**（base table），**導出表**（derived table）および**ビュー表**（viewed table）に分類されている。実表は実際にデータベース中にデータが格納される表，導出表は問合せにより導出される表，ビュー表はビュー定義により定義される名前付きの導出表である。

6.2.1　表　　定　　義

　テーブルを作成するには，CREATE TABLE 文を使用する。**図 6.1** にCREATE TABLE 文の構文を示す。

```
CREATE    TABLE   テーブル名 (
    列名 1    データ型    列制約,
    列名 2    データ型    列制約,
    ・・・
    表制約
)
```

図 6.1 CREATE　TABLE 文の構文

　ここで，データ型には文字列型，数値型，日付／時間型などがある。データ型は RDBMS によって異なる場合があるが，主要なものを**表 6.5** に示す。
　また，CREATE　TABLE 文を用いてテーブルを定義するときには，テーブルに不正な値が入ることを防ぐために，さまざまな制約を付けることができ

表6.5 データ型

分　類	データ型	説　明
文字列型	CHAR (n)	n 文字の固定長文字列
	NCHAR (n)	n 文字の国際化対応文字列
	VARCHAR (n)	最大 n 文字の可変長文字列
数値型	NUMBER (p, q)	q 桁の小数部を持つ p 桁の 10 進数
	INT	符号付きの整数
	REAL	符号付きの浮動小数
日付／時間型	DATE	日付（年月日）
	TIME	時間（時分秒）
	TIMESTAMP	タイプスタンプ

る。制約違反のデータを変更しようとした場合にはエラーが発生する。このような制約を，利用するアプリケーション側ではなくテーブル側に持たせることにより，アプリケーションプログラムごとにチェック処理を作成する必要がなくなる。また，他のテーブルとの間の制約の場合には，アプリケーションプログラム側でそのチェックをしようとすると，多くのコードを必要とし，不具合の混入する確率が高くなる。主要なテーブルの制約を**表6.6**に示す。

　例えば，**図6.2**（a）の「商品」表に対応する CREATE TABLE 文を図（b）に示す。

表6.6 テーブルの制約

制約	説　明
UNIQUE	一貫性制約を定義する。 テーブルの中で値が一意であることが保障される。ただし，NULL 値は複数の行に存在してもよい。
NOT NULL	NULL 値は許可しないという制約である。この制約を定義した列には必ず値を設定する必要がある。
PRIMARY KEY	主キー制約を定義する。 UNIQUE と NOT NULL 制約の性質を持っている。
CHECK	設定可能な値の範囲などを指定できる。
DEFAULT	値を明示せずに行を追加する場合，自動的に設定される値を指定できる。
FOREIGN KEY	外部キー制約を定義する。 指定したテーブルの列に存在しない値を設定できないという制約をかけることができる。

商品

商品コード	商品名	単価	仕入先コード
1001	ボールペン	200	S001
1002	シャーペン	150	S002
1003	ボールペン	100	S002
1004	定規	250	S003
1005	消しゴム	100	S003

仕入先

仕入先コード	仕入先名
S001	田中商店
S002	中村商店
S003	斎藤商店

（a）「商品」表と「仕入先」表

```
CREATE  TABLE   商品 (
    商品コード    CHAR(4)  PRIMARY KEY,
    商品名       NCHAR(10)  NOT NULL,
    単価        INT,
    仕入先コード  CHAR(4),
    FOREIGN  KEY（仕入先コード）REFERENCES 仕入先（仕入先コード），
    CHECK（単価 < = 500）
)
```

（b）CREATE TABLE 文

図 6.2　CREATE TABLE 文の使用例

6.2.2　ビュー定義

　ビュー表を作成するには，CREATE　VIEW 文を使用する。図 6.3 に CREATE　VIEW 文の構文を示す。

```
CREATE  VIEW   ビュー名（列名 1，列名 2，・・・）
   AS  SELECT ・・・
```

図 6.3　CREATE　VIEW 文の構文

　例えば，図 6.4（a）の「試験成績」表から合格者の受験番号と点数を抽出した「合格者一覧」というビュー表の CREATE VIEW 文を図（b）以下に示す。

試験成績

受験番号	点数	合否
AA10001	55	不合格
AA10002	60	合格
AA10003	78	合格
AA10004	35	不合格
AA10005	80	合格

合格者一覧

受験番号	点数
AA10002	60
AA10003	78
AA10005	80

（a）「試験成績」表と「合格者一覧」表

```
CREATE  VIEW  合格者一覧 ( 受験番号，点数 )
  AS  SELECT  受験番号，点数
     FROM  試験成績
        WHERE  合否 = '合格'
```

（b）　CREATE VIEW 文

図 6.4　CREATE VIEW 文の使用例

6.3　データ操作言語

　データ操作言語（DML：data manipulation language）は，表内のデータの参照・更新・追加・削除などを行うための命令があり，以下で説明する。

6.3.1　データの参照（**SELECT 文**）

　データベースに対する操作において最も多く使われるのがデータを参照する SELECT 文である。SELECT 文は条件による絞り込みを行うことで，必要な情報を容易に参照できる。**図 6.5** に SELECT 文の構文を示す。実際によく使用されるので，"Select - From - Where - Group by - Having - Order by" と覚えておくことが望ましい。この中で "Select - From" は必ず必要であり，他は必要に応じて用いられる。

```
SELECT   列名1，列名2，・・・
FROM    テーブル名1，  テーブル名2，・・・
WHERE    抽出条件
GROUP   BY  グループ化を行う列
HAVING    グループ化後の抽出条件
ORDER   BY  並べ替え指定
```

図 6.5 SELECT 文の構文

（例1）すべての列の抽出　　すべての列を取り出す場合には，" ＊ " が用いられる。例えば，**図6.6**（a）の「学生」表からすべての列の抽出を行う SELECT 文を図（b）に示す。

学生

学生番号	学科	名前		学生番号	学科	名前
AA10001	電気工学	前田	⇒	AA10001	電気工学	前田
BA10002	機械工学	田中		BA10002	機械工学	田中
CA10003	情報工学	大杉		CA10003	情報工学	大杉
CA10004	情報工学	矢野		CA10004	情報工学	矢野
CA10005	情報工学	佐藤		CA10005	情報工学	佐藤

（a）「学生」表

```
SELECT   ＊
FROM   学生
```

（b） SELECT 文

図 6.6 SELECT 文の使用例1

（例2）特定列の抽出　　特定列を取り出す場合には，列名を並べればよい。指定した列順に抽出される。例えば，**図6.7**（a）の「学生」表から特定列の抽出を行う SELECT 文を図（b）に示す。

（例3）重複行の除外　　重複行を除外するには，DISTINCT が用いられる。例えば，**図6.8**（a）の「学生」表から重複行を除外した列の抽出を行う SELECT 文を図（b）に示す。

学生

学生番号	学科	名前
AA10001	電気工学	前田
BA10002	機械工学	田中
CA10003	情報工学	大杉
CA10004	情報工学	矢野
CA10005	情報工学	佐藤

⇒

学科	名前
電気工学	前田
機械工学	田中
情報工学	大杉
情報工学	矢野
情報工学	佐藤

（a）「学生」表

```
SELECT  学科，名前
FROM  学生
```

（b）　SELECT 文

図 6.7　SELECT 文の使用例 2

学生

学生番号	学科	名前
AA10001	電気工学	前田
BA10002	機械工学	田中
CA10003	情報工学	大杉
CA10004	情報工学	矢野
CA10005	情報工学	佐藤

⇒

学科
電気工学
機械工学
情報工学

（a）「学生」表

```
SELECT  DISTINCT 学科
FROM 学生
```

（b）　SELECT 文

図 6.8　SELECT 文の使用例 3

（例 4）抽出条件 WHERE 句の使用　　抽出条件を指定するには，WHERE 句
が用いられる。ここで，「N '情報工学'」は NCHAR 型（国際化対応文字列）
の定数の表記法である。例えば，**図 6.9**（a）の「学生」表から抽出条件
WHERE 句を使用した SELECT 文を図（b）に示す。

学生

学生番号	学科	名前
AA10001	電気工学	前田
BA10002	機械工学	田中
CA10003	情報工学	大杉
CA10004	情報工学	矢野
CA10005	情報工学	佐藤

⇒

学生番号	学科	名前
CA10003	情報工学	大杉
CA10004	情報工学	矢野
CA10005	情報工学	佐藤

（a）「学生」表

```
SELECT  *
FROM  学生
WHERE  学科 = N'情報工学'
```

（b） SELECT 文

図 6.9 SELECT 文の使用例 4

（例 5）グループ化 GROUP　BY 句の使用　　特定の列内で同じ値を持つデータをグループ化し，データを集計するためには GROUP　BY 句が用いられる。例えば，科目別の平均点や合計点，店舗別の売上などの集計で使用される。**図 6.10**（a）の「学生」表からグループ化 GROUP　BY 句を使用して，学科別の人数を集計する SELECT 文を図（b）に示す。

（例 6）グループ化後の抽出条件 HAVING 句の使用　　GROUP　BY 句でグループ化した結果に対して，抽出条件を指定する HAVING 句が用いられる。例えば，合計点数が 500 点以上の学生リストを作成したい場合などで使用される。**図 6.11**（a）の「学生」表からグループ化後の抽出条件 HAVING 句を使用して，学科別の人数が 3 人以上の学科を抽出する SELECT 文を図（b）に示す。

学生

学生番号	学科	名前
AA10001	電気工学	前田
BA10002	機械工学	田中
CA10003	情報工学	大杉
CA10004	情報工学	矢野
CA10005	情報工学	佐藤

⇒

学科	COUNT（＊）
電気工学	1
機械工学	1
情報工学	3

（a）「学生」表

```
SELECT  学科, COUNT(＊)
FROM  学生
GROUP  BY 学科
```

（b）　SELECT 文

図 6.10　SELECT 文の使用例 5

学生

学生番号	学科	名前
AA10001	電気工学	前田
BA10002	機械工学	田中
CA10003	情報工学	大杉
CA10004	情報工学	矢野
CA10005	情報工学	佐藤

⇒

学科	COUNT（＊）
情報工学	3

（a）「学生」表

```
SELECT  学科, COUNT(＊)
FROM  学生
GROUP  BY 学科
HAVING  COUNT(＊)  ＞＝ 3
```

（b）　SELECT 文

図 6.11　SELECT 文の使用例 6

（例7）並べ替え指定の ORDER BY 句の使用　　ORDER　BY 句は，指定した列を昇順や降順に並べ替える場合に用いられる。昇順は ASC，降順は DESC でソートキーの後に指定する。なお，指定を省略した場合は ASC が指定されたことになる（デフォルトは ASC）。例えば，**図 6.12**（a）の「試験成績」表から学科を昇順，点数を降順で並べ替える SELECT 文を図（b）に示す。

試験成績

学生番号	学科	点数		学生番号	学科	点数
AA10001	B	55	⇒	CA10005	A	80
BA10002	C	60		CA10003	A	78
CA10003	A	78		CA10004	A	35
CA10004	A	35		AA10001	B	55
CA10005	A	80		BA10002	C	60

（a）「試験成績」表

```
SELECT  *
FROM  試験成績
ORDER  BY 学科，点数  DESC
```

（b）　SELECT 文

図 6.12　SELECT 文の使用例7

6.3.2　データの追加（INSERT 文）

テーブルに新しくデータを追加するには，INSERT 文を用いる。INSERT 文には，値を指定して1行ずつデータを追加する INSERT 〜 VALUES 文と，別のテーブルのデータを追加する INSERT 〜 SELECT 文がある。

（1）　INSERT 〜 VALUES 文　　テーブルに値を指定して1行ずつデータを追加するには，INSERT 〜 VALUES 文を使用する。**図 6.13** に INSERT 〜 VALUES 文の構文を示す。なお，VALUES で指定する値がテーブルの順番どおりの場合は，列名を省略することもできる。

```
INSERT INTO テーブル名 ( 列名 1, 列名 2, ・・・ )
VALUES  ( 値 1, 値 2, ・・・ )
```

図 6.13　INSERT ～ VALUES 文の構文

　例えば，**図 6.14**（a）の「科目」表に｛05, アルゴリズム｝のデータを追加する INSERT ～ VALUES 文を図（b）に示す。

科目

科目番号	科目名
01	論理回路
02	OS
03	プログラミング
04	データベース

⇒

科目

科目番号	科目名
01	論理回路
02	OS
03	プログラミング
04	データベース
05	アルゴリズム

（a）「科目」表

```
INSERT INTO 科目 ( 科目番号, 科目名 )
VALUES  ( '05', 'アルゴリズム' )
```

（b）　INSERT ～ VALUES 文

図 6.14　INSERT ～ VALUES 文の使用例

（2）　INSERT ～ SELECT 文　　テーブルに別のテーブルのデータを追加するには，**図 6.15** に示す INSERT ～ SELECT 文を使用する。

```
INSERT INTO テーブル名 ( 列名 1, 列名 2, ・・・ )
SELECT  列名 1, 列名 2, ・・・
FROM    参照テーブル名
WHERE   条件
```

図 6.15　INSERT ～ SELECT 文の構文

　例えば，**図 6.16**（a）の「科目」表に「他大学提供科目」表から区分が "教養" であるデータを追加する INSERT ～ SELECT 文を図（b）に示す。

科目

科目番号	科目名
01	論理回路
02	OS
03	プログラミング
04	データベース

⇒

科目

科目番号	科目名
01	論理回路
02	OS
03	プログラミング
04	データベース
A01	心理学
A02	哲学

他大学提供科目

科目番号	科目名	区分
A01	心理学	教養
A02	哲学	教養
A03	電磁気学	専門
A04	統計力学	専門
A05	データ解析	専門

（a）「科目」表と「他大学提供科目」表

```
INSERT  INTO 科目 ( 科目番号 , 科目名 )
SELECT  科目番号 , 科目名
FROM    他大学提供科目
WHERE   区分 = ' 教養 '
```

（b） INSERT ～ SELECT 文

図 6.16 INSERT ～ SELECT 文の使用例

6.3.3 データの変更（UPDATE 文）

テーブルにすでに存在するデータを変更するには，UPDATE 文を用いる。**図 6.17** に UPDATE 文の構文を示す。

```
UPDATE  テーブル名
    SET 列名 1 = 値 1, 列名 2 = 値 2, ・・・
WHERE  条件
```

図 6.17 UPDATE 文の構文

例えば，**図6.18**（a）の「科目」表の科目番号が03の科目名を"Cプログラミング"に変更するUPDATE文を図（b）に示す。

科目

科目番号	科目名
01	論理回路
02	OS
03	プログラミング
04	データベース

⇒

科目

科目番号	科目名
01	論理回路
02	OS
03	Cプログラミング
04	データベース

（a）「科目」表

```
UPDATE    科目
    SET  科目名 = 'Cプログラミング'
WHERE    科目番号  = '03'
```

（b） UPDATE文

図6.18 UPDATE文の使用例

6.3.4 データの削除（**DELETE文**）

テーブルからデータを削除するには，DELETE文を用いる。**図6.19**にDELETE文の構文を示す。

```
DELETE  FROM   テーブル名
WHERE   条件
```

図6.19 DELETE文の構文

例えば，**図6.20**（a）の「科目」表の科目番号が02のデータを削除するDELETE文を図（b）に示す。

科目

科目番号	科目名
01	論理回路
02	OS
03	プログラミング
04	データベース

⇒

科目

科目番号	科目名
01	論理回路
03	プログラミング
04	データベース

（a）「科目」表

```
DELETE  FROM   科目
WHERE   科目番号  =  '02'
```

（b） DELETE 文

図 6.20　DELETE 文の使用例

6.4　データ制御言語

データ制御言語（DCL：data control language）には，ユーザごとのテーブルやビューへのアクセス権などを定義する命令があり，以下で説明する。

6.4.1　権限の付与（GRANT 文）

テーブルやビューには，データの参照は許可するが，変更は許可しないなどの権限をユーザごとに設定できる。**表 6.7** に権限の種類を示す。

表 6.7　権　　限

権　限　名	説　　明
SELECT	参照
UPDATE	更新
INSERT	追加
DELETE	削除
ALL（ALL PRIVILEGES）	すべての権限

　ユーザに権限を付与するには，GRANT 文を用いる。**図 6.21** に GRANT 文の構文を示す。

```
GRANT 権限名    ON  テーブル名    TO   ユーザ
```

図 6.21　GRANT 文の構文

　例えば，user01 というユーザに「商品」表のデータ参照と変更の権限を与える GRANT 文を**図 6.22** に示す。

```
GRANT   SELECT, UPDATE  ON  商品  TO   user01
```

図 6.22　GRANT 文の使用例 1

　また，すべてのユーザを表すためにはユーザ名を PUBLIC とする。**図 6.23** の使用例は，すべてのユーザに「商品」表のデータ参照の権限を付与している。

```
GRANT   SELECT  ON  商品  TO   PUBLIC
```

図 6.23　GRANT 文の使用例 2

6.4.2　権限の取消（**REVOKE 文**）

　ユーザから権限を取り消すには，REVOKE 文を用いる。**図 6.24** に REVOKE 文の構文を示す。

```
REVOKE   権限名    ON  テーブル名    FROM   ユーザ
```

図 6.24　REVOKE 文の構文

　例えば，user01 というユーザに「商品」表のデータ変更の権限を取り消す REVOKE 文を**図 6.25** に示す。

```
REVOKE   UPDATE  ON  商品  FROM  user01
```

図 6.25　REVOKE 文の使用例

6.5 メタデータとリポジトリ

メタデータ（metadata）は，データに関する情報のことで，メタデータも
データである。データベース中のデータに関する情報である "表定義"，
"ビュー定義" や "権限定義" などの情報はメタデータと呼ばれている。
RDBMS ではデータベース中のデータは表として格納されるが，上記のメタ
データもそれぞれの情報ごとに表として格納して管理されている。これらの各
表をデータ辞書表またはデータディクショナリ表と呼び，これらの表の集合を
データ辞書（data dictionary）または**データディクショナリ**という。RDBMS
では，データとメタデータを同じ構造で格納しているので，ユーザはメタデー
タも通常のデータと同じようにアクセスすることができる。

リポジトリ（repository）は，データやファイルを蓄積する場所を意味する
語としていろいろな場面で用いられている。例えば，ソフトウェア開発では多
数のソースファイルのバージョンを管理しながら蓄積する CVS（concurrent
versions system）などのバージョン管理システムが利用されるが，CVS では，
中央のリポジトリにソースファイルなどを一括して蓄積しておき，プログラム
を修正する場合にはそれぞれの開発者がリポジトリからファイルをローカルに
コピーし，その後リポジトリに修正結果を戻すことが行われている。RDBMS
のデータ辞書もメタデータを格納したリポジトリとも考えられる。

演 習 問 題

6.1 関係データベースの「製品」表と「売上」表から，売上報告のビュー表を定義
する SQL 文中の a に入るものはどれか。

CREATE　VIEW　売上報告 (製品番号 , 製品名 , 納品数 , 売上年月日 , 売上金額)

AS 　a 　 製品 . 製品番号 , 　製品 . 製品名 , 売上 . 納品数 , 売上 . 売上年月日 , 売上 . 納品数 * 製品 . 単価

FROM　製品 , 売上

WHERE　製品 . 製品番号 = 売上 . 製品番号

表　名	列　名
製品	製品番号 , 製品名 , 単価
売上	製品番号 , 納品数 , 売上年月日

　（ア）　GRANT　（イ）　INSERT　　（ウ）　SCHEMA　　（エ）　SELECT

6.2　次の SQL 文によって「学生一覧」表から抽出されるデータはどれか。

　　SELECT　氏名　FROM　学生一覧　　WHERE　専攻 = ' 物理 ' 　AND　年齢 <20

学生一覧

氏　名	専　攻	年　齢
佐藤恒一	物理	22
山田健次	化学	20
鈴木有三	生物	18
田中真司	物理	19
斎藤五郎	数学	19

　（ア）　斎藤五郎　　　　　　　（イ）　佐藤恒一
　（ウ）　佐藤恒一 , 田中真司　　（エ）　田中真司

6.3　次の SQL 文によって「入庫」表から抽出される商品番号 A002 の入庫数の合計はいくらか。

　　SELECT　商品番号 , 入庫数　FROM　入庫　　WHERE　仕入先 = 'B1'

入庫

商品番号	入庫数	入庫日	仕入先
A001	5	10/15	B1
A002	10	10/16	B1
A001	15	10/17	B2
A002	20	10/17	B1
A001	25	10/18	B1

　（ア）　10　　　（イ）　20　　　（ウ）　30　　　（エ）　40

6.4 次の「成績」表は，英語，国語，数学の3科目の試験結果を収めたものである。3科目の平均の点数が65点以上の生徒の名前を求めるSQL文として，適切なものはどれか。

成績

番　号	名　前	英　語	国　語	数　学
A001	佐藤	56	70	60
A002	鈴木	70	65	80
A003	田中	80	70	50
A004	中村	70	80	75

（ア）　SELECT　番号　FROM　成績
　　　　WHERE　英語 > 65 OR 国語 > 65 OR 数学 > 65
（イ）　SELECT　番号　FROM　成績
　　　　WHERE　英語 >= 65 AND 国語 >= 65 AND 数学 >= 65
（ウ）　SELECT　名前　FROM　成績
　　　　WHERE　英語 ＋ 国語 ＋ 数学 >= 195
（エ）　SELECT　名前　FROM　成績
　　　　WHERE　英語 >= 65 OR 国語 >= 65 OR 数学 >= 65

6.5 次のSQLでは，「社員」表を内容がすべて等しい二つのX表とY表と見なしている。このSQL文によって得られる表はどれか。

社員

社員番号	社員名	年齢	部長
001	田中	40	002
002	鈴木	30	002
003	佐藤	25	002
004	福田	40	004
005	渡部	55	004

【SQL 文】
SELECT　X. 社員名　　　FROM　　　社員　X, 社員　Y
WHERE　X. 部長　=　Y. 社員番号　AND　　　X. 年齢　>　Y. 年齢

(ア) 社員名
福田

(イ) 社員名
鈴木
福田

(ウ) 社員名
田中
渡部

(エ) 社員名
田中
佐藤
渡部

6.6　「BUSHO」表と「SHAIN」表があり，「SHAIN」表は次の SQL 文で定義されて
いる。

```
CREATE TABLE SHAIN(
  S_CODE  CHAR(3)  PRIMARY KEY,
   S_NAME  NCHAR(3), BU_CODE  CHAR(3),
   NENREI  DECIMAL(2),
   FOREIGN  KEY(BU_CODE) REFERENCES BUSHO,
   CHECK ( NENREI  BETWEEN 18  AND  65)  )
```

また，「BUSHO」表と「SHAIN」表には現在次のデータが格納されている。

BUSHO

BU_CODE	BU_NAME
B01	人事部
B02	総務部
B03	経理部

SHAIN

S_CODE	S_NAME	BU_CODE	NENREI
111	山田	B02	60
122	川上	B03	55
233	田中	B01	35
259	岡本	B02	34

このとき，「SHAIN」表に追加可能なレコードとして，適切なものはどれか。

	S_CODE	S_NAME	BU_CODE	NENREI
(ア)	012	山田	B03	65
(イ)	111	山田	B02	55
(ウ)	320	山本	B04	34
(エ)	920	山下	B03	17

6.7 次の SQL 文によって「会員」表から新たに得られる表はどれか。

[SQL 文]

```
SELECT   AVG（年齢）  FROM 会員
GROUP BY    グループ
HAVING    COUNT（＊） ＞ 1
```

会員

会員番号	年　齢	グループ
001	20	B
002	30	C
003	60	A
004	40	C
005	40	B
006	50	C

（ア）

AVG（年齢）
36

（イ）

AVG（年齢）
40

（ウ）

AVG（年齢）
30
40

（エ）

AVG（年齢）
60
30
40

6.8 次のようなデータモデルを作成した。下のビュー表を導出する SQL 文として
（　）に入れるべき適切な語句はどれか。ここで，SQL 文中の TODAY（　）は
当日の日付を返す関数とする。

[データモデル]

保有資格（社員識別子，資格名）

社員（社員識別子，氏名，生年月日，入社年月日，住所）

配属（社員識別子，部署識別子，辞令年月日）

部署（部署識別子，部署名）

[ビュー]

氏名	年齢	住所	保有資格	所属
玉木浩二	40	北海道…	DB スペシャリスト	総務部
			技術士	
薬師浩子	30	東京都…	第1種情報処理技術者	経理部

[SQL 文]

```
SELECT 氏名, TODAY( ) - 生年月日　AS　年齢, 住所,
　　　資格名 AS 保有資格, 部署名 AS 所属
FROM　保有資格, 社員, 配属, 部署
WHERE 社員 . 社員識別子　=　配属 . 社員識別子
AND　(　　　　　　　　　　　　　　　)
AND 社員 . 社員識別子　=　保有資格 . 社員識別子
```

（ア）　配属 . 社員識別子　=　部署 . 社員識別子
（イ）　配属 . 社員識別子　=　部署 . 部署識別子
（ウ）　配属 . 部署識別子　=　部署 . 社員識別子
（エ）　配属 . 部署識別子　=　部署 . 部署識別子

6.9　以下の英文を和訳しなさい。

SQL, often referred to as Structured Query Language, is a database computer language designed for managing data in relational database management systems (RDBMS), and originally based upon relational algebra.

Its scope includes data insert, query, update and delete, schema creation and modification, and data access control.

7章
関係データベース言語 SQL (その2)

　関係データベース言語 SQL は，関係データモデルに基づく標準のデータベース言語であり，前章で示したように DDL，DML，そして DCL の三つがある。

　本章では，関係演算子，論理演算子，その他の演算子，集合関数，副問合せ，および埋め込み型 SQL について述べる。

7.1　関　係　演　算　子

　関係演算子は，左辺と右辺の値を比較する演算子である。関係演算子には，=，>，<，>=，<=，<>がある。**表7.1**に関係演算子を示す。

表7.1　関係演算子

演算子	説　　明	演算子	説　　明
=	左辺と右辺の値が等しい	<>	左辺と右辺の値が等しくない
>	左辺が右辺の値より大きい	>=	左辺が右辺の値以上
<	左辺が右辺の値より小さい	<=	左辺が右辺の値以下

　（1）　**＝演算子**　　＝演算子は，左辺と右辺の値を比較し，等しい場合に TRUE を返す。例えば，**図7.1**（a）の「試験成績」表から点数が 80 点のデータを取り出す SQL を図（b）に示す。

試験成績

受験番号	点数
AA10001	55
AA10002	60
AA10003	78
AA10004	35
AA10005	80

⇒

受験番号	点数
AA10005	80

（a）「試験成績」表

```
SELECT * FROM 試験成績 WHERE 点数 = '80'
```

（b）SQL

図7.1 ＝演算子の使用例

（2）　**＞演算子，＜演算子**　　＞演算子は，左辺が右辺の値より大きい場合にTRUEを返す。＜演算子は，左辺が右辺の値より小さい場合にTRUEを返す。例えば，**図7.2**（a）の「試験成績」表から点数が60点より大きいデータを取り出すSQLを図（b）に示す。

試験成績

受験番号	点数
AA10001	55
AA10002	60
AA10003	78
AA10004	35
AA10005	80

⇒

受験番号	点数
AA10003	78
AA10005	80

（a）「試験成績」表

```
SELECT * FROM 試験成績 WHERE 点数 > '60'
```

（b）SQL

図7.2 ＞演算子の使用例

（3）　**＞＝演算子，＜＝演算子**　　＞＝演算子は，左辺が右辺の値以上の場合にTRUEを返す。＜＝演算子は，左辺が右辺の値以下の場合にTRUEを返

す。例えば，**図 7.3**（a）の「試験成績」表から点数が 60 点以上のデータを
取り出す SQL を図（b）に示す。

試験成績

受験番号	点数
AA10001	55
AA10002	60
AA10003	78
AA10004	35
AA10005	80

⇒

受験番号	点数
AA10002	60
AA10003	78
AA10005	80

（a）「試験成績」表

```
SELECT * FROM 試験成績 WHERE 点数 >= '60'
```

（b） SQL

図 7.3 ＞＝演算子の使用例

（4）**＜＞演算子**   ＜＞演算子は，左辺と右辺の値を比較し，等しくない
場合に TRUE を返す。例えば，**図 7.4**（a）の「試験成績」表から点数が 60
点以外のデータを取り出す SQL を図（b）に示す。

試験成績

受験番号	点数
AA10001	55
AA10002	60
AA10003	78
AA10004	35
AA10005	80

⇒

受験番号	点数
AA10001	55
AA10003	78
AA10004	35
AA10005	80

（a）「試験成績」表

```
SELECT * FROM 試験成績 WHERE 点数 <> '60'
```

（b） SQL

図 7.4 ＜＞演算子の使用例

7.2　論 理 演 算 子

　論理演算子は，左辺と右辺の値の論理演算をする演算子である。論理演算子には，AND，OR，NOT があり，SQL で使用することができる。**表7.2**に論理演算子を示す。

表7.2　論理演算子

演算子	説　明
AND	論理積
OR	論理和
NOT	否定

（1）　AND 演算子　　AND 演算子は，「条件1　AND　条件2」の形式で，条件1と条件2がともに TRUE の場合のみ TRUE を返す。例えば，**図7.5**（a）の「商品」表から「商品名がボールペン」かつ「単価が100円」という条件でデータを取り出す SQL を図（b）に示す。

商品

商品コード	商品名	単価
1001	ボールペン	200
1002	シャーペン	150
1003	ボールペン	100
1004	定規	250
1005	消しゴム	100

商品コード	商品名	単価
1003	ボールペン	100

（a）「商品」表

```
SELECT  *  FROM  商品
   WHERE  商品名 = 'ボールペン'  AND  単価 = 100
```

（b）　SQL

図7.5　AND 演算子の使用例

（2）　OR 演算子　　OR 演算子は，「条件1　OR　条件2」の形式で，条件1と条件2のいずれかが TRUE の場合，TRUE を返す。例えば，**図7.6**（a）

の「商品」表から「商品名が定規」または「単価が 150 円未満」という条件で
データを取り出す SQL を図（b）に示す。

商品

商品コード	商品名	単価
1001	ボールペン	200
1002	シャーペン	150
1003	ボールペン	100
1004	定規	250
1005	消しゴム	100

商品コード	商品名	単価
1003	ボールペン	100
1004	定規	250
1005	消しゴム	100

（a）「商品」表

```
SELECT  *  FROM  商品
  WHERE   商品名 =  '定規'  OR  単価  < 150
```

（b）　SQL

図 7.6　OR 演算子の使用例

（3）　NOT 演算子　　　NOT 演算子は，「NOT　条件」の形式で，条件が
FALSE の場合に TRUE を返す。例えば，**図 7.7**（a）の「商品」表から「商
品名が定規以外」という条件でデータを取り出す SQL を図（b）に示す。

商品

商品コード	商品名	単価
1001	ボールペン	200
1002	シャーペン	150
1003	ボールペン	100
1004	定規	250
1005	消しゴム	100

商品コード	商品名	単価
1001	ボールペン	200
1002	シャーペン	150
1003	ボールペン	100
1005	消しゴム	100

（a）「商品」表

```
SELECT  *  FROM  商品
  WHERE  NOT  商品名 =  '定規'
```

（b）　SQL

図 7.7　NOT 演算子の使用例

（4）　論理演算子の優先順位　　　論理演算子は，NOT → AND → OR の順序で
演算が行われる。この順序は通常の四則演算とのアナロジーとして考えればよい。

7.3　その他の演算子

その他の演算子の一部を**表7.3**に示す。

表7.3　その他の演算子

演　算　子	説　　　　明
BETWEEN	～以上～以下
IN	いずれかの値と等しい
IS NULL	NULL 判定
LIKE	部分一致検索

（**1**）　**BETWEEN 演算子**　　BETWEEN 演算子は，指定した式の値が範囲
内に収まっているかを調べるときに使用する。形式を以下に示す。

```
WHERE  ＜式＞［NOT］BETWEEN  ＜数値式１＞ AND ＜数値式２＞
```

＜式＞の値が＜数値式１＞と＜数値式２＞の範囲に収まっていると
き真，範囲内に収まっていないとき偽となる。

（**2**）　**IN 演算子**　　IN 演算子は，指定した式の値に副問合せ結果のリス
ト，あるいは指定した値と一致するかを調べるときに使用する。形式を以下に
示す。

```
WHERE  ＜式＞［NOT］IN ( ＜副問合せ＞ ｜＜値１＞［＜値２＞…］)
```

＜式＞の値に一致する値が存在するとき真，一致する値が存在しな
いとき偽となる。

（**3**）　**IS NULL 演算子**　　IS NULL 演算子は，= 演算子や <> 演算子では
判定できない NULL を判定するときに使用する。形式を以下に示す。

```
＜式＞ IS［NOT］NULL
```

＜式＞の値が NULL のとき真，NULL でないとき偽となる。

（**4**）　**LIKE 演算子**　　LIKE 演算子は，指定した文字列データのパターン
マッチングを行うときに使用する。形式を以下に示す。

```
WHERE  ＜文字列式＞ LIKE  '＜文字列式＞'〔ESCAPE ＜エス
ケープ文字＞…〕
```

「%（メタ文字）」を検索条件（文字列）の前に組合せた場合には，任意の文字列で始まる条件で問合せを行う。また，メタ文字の一つである「_（アンダースコア）」を指定することで，任意の文字となる条件で問合せを行う。以下に使用例を示す。

（例1）「都道府県表」より，都道府県名が'山'で始まるデータを取り出す。

```
SELECT * FROM  都道府県 WHERE 都道府県名 LIKE '山%'
```

（例2）「都道府県表」より，都道府県名に'山'が含まれるデータを取り出す。

```
SELECT * FROM  都道府県 WHERE 都道府県名 LIKE '%山%'
```

（例3）「都道府県表」より，都道府県名が3文字で真中が'山'であるデータを取り出す。

```
SELECT * FROM  都道府県 WHERE 都道府県名 LIKE '_山_'
```

7.4 集 合 関 数

集合関数を用いると，合計や件数などを求めることができる。集合関数の一部を**表7.4**に示す。

表7.4 集 合 関 数

集合関数	説　明
SUM	合計値を求める
AVG	平均値を求める
MAX	最大値を求める
MIN	最小値を求める
COUNT	件数を求める

（**1**）　**SUM 関数**　　SUM 関数は，指定した数値列データの合計値を求める
ときに使用する。このとき，ALL または DISTINCT キーワードを指定できる
が，ALL キーワードはデフォルトであるため省略可能である。形式を以下に
示す。

```
SUM( [ ALL | DISTINCT ] <数値列> )
```

　戻り値は，数値列の合計値である。

（例）　SELECT SUM（点数）FROM 受験結果

（**2**）　**AVG 関数**　　AVG 関数は，指定した数値列データの平均値を求める
ときに使用する。このとき，ALL または DISTINCT キーワードを指定できる
が，ALL キーワードはデフォルトであるため省略可能である。形式を以下に
示す。

```
AVG( [ ALL | DISTINCT ] <数値列> )
```

　戻り値は，数値列の平均値である。

（例）　SELECT AVG（点数）FROM 受験結果

（**3**）　**MAX 関数**　　MAX 関数は，指定した数値列データの最大値を求める
ときに使用する。形式を以下に示す。

```
MAX( <数値列> )
```

　戻り値は，数値列の最大値である。

（例）　SELECT MAX（点数）FROM 受験結果

（**4**）　**MIN 関数**　　MIN 関数は，指定した数値列データの最小値を求める
ときに使用する。形式を以下に示す。

```
MIN( <数値列> )
```

　戻り値は，数値列の最小値である。

（例）　SELECT MIN（点数）FROM 受験結果

（**5**）　**COUNT 関数**　　COUNT 関数は，指定した列データに NULL 以外の値が何行あるかを求めるときに使用する。このとき，ALL または DISTINCT キーワードを指定できるが，ALL キーワードはデフォルトであるため省略可能である。形式を以下に示す。

```
COUNT( [ ALL | DISTINCT ] ＜列＞ )
```

　　戻り値は，列の行数である。

（例）　SELECT COUNT（＊）FROM 受験結果

7.5　副　問　合　せ

　SQL 文の中に SQL 文を記述し，内側の SQL 文の結果を外側の SQL 文で利用することができる。この場合，内側の SQL 文を**副問合せ**（subquery）という。

（**1**）　**関係演算子を使う副問合せ**　　副問合せの結果を，関係演算子（＝，＞，＜，＞＝，＜＝，＜＞）を利用して処理することができる。例えば，**図7.8**（a）の「試験成績」表から平均以上のデータを取り出す SQL を図（b）に示す。

試験成績

受験番号	点数
AA10001	55
AA10002	60
AA10003	78
AA10004	35
AA10005	80

⇒
平均 62
点以上

受験番号	点数
AA10003	78
AA10005	80

（a）　「試験成績」表

```
SELECT 受験番号, 点数 FROM 試験成績
WHERE 点数 >= ( SELECT AVG( 点数 ) FROM 試験成績 )
```

（b）　SQL

図7.8　関係演算子を使う副問合せの例

（2） **IN 演算子を使う副問合せ** 副問合せの結果を，IN 演算子を利用し
て処理することができる。例えば，**図7.9**（a）の「学生」表と「試験成績」
表から 60 点以上のデータを取り出す SQL を図（b）に示す。

学生

学生番号	学科	名前
AA10001	電気工学	前田
BA10002	機械工学	田中
CA10003	情報工学	大杉
CA10004	情報工学	矢野
CA10005	情報工学	佐藤

試験成績

学生番号	点数
AA10001	55
BA10002	60
CA10003	78
CA10004	35
CA10005	80

⇒
60 点以上

学生番号	学科	名前
BA10002	機械工学	田中
CA10003	情報工学	大杉
CA10005	情報工学	佐藤

（a）「学生」表と「試験成績」表

```
SELECT 受験番号, 学科, 名前 FROM   学生
WHERE    学生番号
IN  (  SELECT   学生番号  FROM   試験成績  WHERE 点数  >=
60  )
```

（b） SQL

図7.9 関係演算子を使う副問合せの例

（3）　EXISTS 演算子を使う副問合せ　　EXISTS 演算子は，指定した式に
副問合せの結果が存在するかを調べるときに使用する。形式を以下に示す。

```
WHERE ＜列＞ ［NOT］ EXISTS （＜副問合せ＞）
```

　例えば，**図 7.10**（a）の「商品」表から一つの店舗で在庫数が 30
以上ある商品の商品コードと商品名を取り出す SQL を図（b）に示す。

商品

商品コード	商品名	単価
1001	ボールペン	200
1002	シャーペン	150
1003	ボールペン	100
1004	定規	250
1005	消しゴム	100

在庫

店舗	商品コード	在庫数
A 店	1001	30
A 店	1002	20
A 店	1003	10
A 店	1005	10
B 店	1001	20
B 店	1002	25
B 店	1003	10
B 店	1004	40

⇒

商品コード	商品名
1001	ボールペン
1004	定規

（a）「商品」表

```
SELECT 商品コード, 商品名　　　FROM　商品
WHERE　EXISTS（SELECT ＊ FROM　在庫　WHERE 在庫数
＞＝ 30　AND　商品．商品コード ＝ 在庫．商品コード）
```

（b）　SQL

図 7.10　EXISTS 演算子を使う副問合せの例

7.6 埋め込み型 SQL

　業務システムやサーバアプリケーションでは，アプリケーションプログラム
にSQLを埋め込んでデータベースにアクセスする方法がとられている。この
ように開発言語内に直接SQL文を記述できる機能を**埋め込み型 SQL**
（embedded SQL）という。アプリケーションプログラムは，問合せ結果の集
合を得るために**カーソル**（cursor）という概念を用いる。カーソルは，
SELECT文などによるデータベース検索による検索実行の結果を1行ずつ取得
して処理するために，データベースサーバ側にある結果集合の行取得位置を示
す。カーソルを用いると結果を1行単位で処理することができる。カーソルは
OPNE命令，FETCH命令，そしてCLOSE命令で操作を行う。

（1）**カーソルの定義**　　カーソルの定義は，DECLARE　CURSOR文を使
用する。形式を以下に示す。

```
DECLARE カーソル名 CURSOR FOR SELECT 文
```

（2）**OPEN**　　カーソルを使用するには，まずカーソルをOPEN命令に
より開く必要がある。カーソルを開くとカーソルは1行目を指している。形式
を以下に示す。

```
OPEN カーソル名
```

（3）**FETCH**　　FETCH命令は，カーソルの指す行からデータを変数に
取り出し，次の行に進める。形式を以下に示す。

```
FETCH カーソル名 INTO 変数名
```

（4）**CLOSE**　　CLOSE命令はカーソルを閉じる。形式を以下に示す。

```
CLOSE カーソル名
```

（5） データの更新　　現在のカーソルが指している行のデータを更新するには，以下のような SQL 文を使用する。

```
UPDATE　テーブル名　SET　列名 1 ＝値 1, 列名 2 ＝値 2, ………
WHERE　CURRENT　OF　カーソル名
```

（6） データの削除　　現在のカーソルが指している行のデータを削除するには，以下のような SQL 文を使用する。

```
DELETE　FROM　テーブル名
WHERE　CURRENT　OF　カーソル名
```

演 習 問 題

7.1 次の SQL 文の実行結果が A 表のようになった。a に入れるべき適切な字句はどれか。

```
SELECT S_CODE, S_NAME, BU_NAME FROM　BUSHO, SHAIN
WHERE 　 a
```

BUSHO

BU_CODE	BU_NAME
S01	システム部 1
S02	システム部 2

A

S_CODE	S_NAME	BU_NAME
1001	山本	システム部 1
1003	鈴木	システム部 2
1005	山崎	システム部 2

SHAIN

S_CODE	S_NAME	S_NENREI	S_SHOZOKU
1001	山本	23	S01
1002	中谷	25	S01
1003	鈴木	23	S02
1004	佐藤	26	S01
1005	山崎	23	S02
1006	田中	25	S02
1007	山本	32	S01
1110	田中	30	S02

（ア）　BU_CODE = S_SHOZOKU AND S_NENREI = 23

（イ）　BU_CODE = S_SHOZOKU

　　　　AND S_NENREI = BETWEEN 23 AND 25

（ウ）　BU_CODE = S_SHOZOKU AND BU_CHO = '1107'

　　　　AND　S_NENREI = 23

（エ）　S_NENREI = 23

7.2　「製品」表と「在庫」表に対して，次の SQL 文を実行した場合に，実行結果として得られる表の行数はいくつか。

```
SELECT 製品番号 FROM 製品
 WHERE NOT EXISTS ( SELECT 製品番号 FROM 在庫
     WHERE 製品番号 = 製品.製品番号 AND 在庫数 > 30 )
```

製品

製品番号	製品名	単価
AB1805	CD-ROM ドライブ	15000
CC5001	ディジタルカメラ	65000
MZ1000	プリンタ A	54000
XZ3000	プリンタ B	78000
ZZ9900	イメージスキャナ	98000

在庫

在庫コード	製品番号	在庫数
WH100	AB1805	20
WH100	CC5001	200
WH100	ZZ9900	130
WH101	AB1805	150
WH101	XZ3000	30
WH102	XZ3000	20
WH102	ZZ9900	10
WH103	CC5001	40

　（ア）　1　　（イ）　2　　（ウ）　3　　（エ）　4

7.3　「社員 NO」と「氏名」を列として持つ R 表と S 表に対して，差（R−S）を求める SQL 文はどれか。ここで，「氏名」のデータの値は，「社員 NO」のデータの値に従属する。

R

社員 NO	氏名
1	A
2	B
3	C

S

社員 NO	氏名
2	B
4	D

R−S

社員 NO	氏名
1	A
3	C

（ア）　SELECT R.社員 NO, S.氏名 FROM R, S

　　　　WHERE R.社員 NO <> S.社員 NO

（イ）　SELECT 社員 NO, 氏名 FROM R

　　　　UNION SELECT 社員 NO, 氏名 FROM S

（ウ）　SELECT 社員NO, 氏名　FROM　R
　　　　　WHERE　NOT EXISTS　(SELECT 社員NO　FROM　S
　　　　　　　　WHERE　R．社員NO　=　S．社員NO）

（エ）　SELECT 社員NO, 氏名　FROM　R
　　　　　WHERE　R．社員NO　<>　S．社員NO

7.4　「納品」表は，社員が商品をある量だけ顧客に納品していることを意味している。社員番号 S1 の社員によって納品された顧客の総数を求める SQL 文はどれか。

納品

社員番号	商品番号	顧客番号	納品量

（ア）　SELECT　COUNT（DISTINCT 顧客番号）　FROM　納品
　　　　　WHERE　社員番号　=　'S1'

（イ）　SELECT　COUNT（DISTINCT 商品番号）　FROM　納品
　　　　　WHERE　社員番号　=　'S1'

（ウ）　SELECT　SUM（顧客番号）　FROM　納品
　　　　　WHERE　社員番号　=　'S1'

（エ）　SELECT　SUM（納品量）　FROM　納品
　　　　　WHERE　社員番号　=　'S1'

7.5　「社員」表と「部門」表に対し，次の SQL を実行したときの結果はどれか。
SELECT　COUNT（*）　FROM 社員, 部門
WHERE　社員．所属　=　部門．部門名 AND 部門．フロア= 2

社員

社員番号	所 属
11001	総務
11002	経理
11003	営業
11004	営業
11005	情報システム
11006	営業
11008	企画
12001	営業
12002	情報システム

部門

部門名	フロア
企画	1
総務	1
情報システム	2
営業	3
経理	2
法務	2
購買	2

（ア）　1　（イ）　2　（ウ）　3　（エ）　4

7.6　以下の英文を和訳しなさい。

A Data Definition Language or Data Description Language（DDL）is a computer language for defining data structures.

The term DDL was first introduced in relation to the Codasyl database model, where the schema of the database was written in a Data Description Language describing the records, fields, and "sets" making up the user Data Model.

8章
データの検索機構

DBMS では，内部スキーマに従って物理ファイルを記憶装置上に作成する。内部スキーマは，物理ファイル名，格納位置，ブロック長，ブロックサイズ，ファイル編成方式などメタデータが指定される。

本章では，磁気ディスク装置，インデックス，テーブルのアクセス法，およびテーブルの結合方法について述べる。

8.1　磁気ディスク装置

データベースのデータは，扱うデータ量が大量であることや，電源断などのシステム障害に対抗するために，不揮発性記憶媒体である磁気ディスク装置（magnetic disk device）が最も多く用いられている。**図 8.1** に磁気ディスク装置の構造を示す。**磁気ディスク装置**は，磁性体を塗布した硬い円盤を媒体とし，複数の円盤を重ねた構造になっている。円盤は中心部のスピンドルモータにより高速回転し，各面に対応したアクセスアーム先端の磁気ヘッドにより，磁化の方向でデータを記憶する装置である。一般に磁気ディスク装置は**ハードディスク装置**（HDD）と呼ばれている。

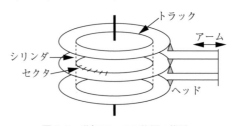

図 8.1　磁気ディスク装置の構造

（**1**）　**トラック**　　円盤上の記憶域は，同心円状の**トラック**（track）に分割され，その上にデータが記憶される。トラックには，外周のトラック0から内側に向かって順番に番号がふられている。1インチ当りのトラック数をトラック密度と呼ぶ。

（**2**）　**シリンダ**　　複数のアクセスアームは同時に移動し，つねに同じ半径のトラックにアクセスする。したがって，1回のアクセスで記憶面の数だけのトラックを同時にアクセスすることになるため，このトラックの集合を**シリンダ**（cylinder）と呼ぶ。

（**3**）　**セクタ**　　トラックを放射状に等分した記憶単位を**セクタ**（sector）と呼ぶ。セクタ容量は記憶装置内で一定であるので，円盤の中心部の記憶密度は高密度に，外周部は低密度になる。最近では，トラックをいくつかのゾーンに分けて，外側のゾーン程セクタ数を多くするゾーン記憶方式が採用されている。

8.1.1　容　量　計　算

磁気ディスク装置の容量は次式により計算できる。

$$容量 = （セクタ長） \times \binom{1 \text{トラック当}}{\text{りのセクタ数}} \times \binom{1 \text{シリンダ当り}}{\text{のトラック数}}$$
$$\times （シリンダ数） \tag{8.1}$$

（例1）　シリンダ数 = 800，1シリンダ当りのトラック数 = 19トラック，1トラック当りの記憶容量 = 20 000バイトの磁気ディスク装置の容量を求めよ。

（解）　式（8.1）の右辺の第1項と第2項の結果としての1トラック当りの記憶容量がすでに与えられているので以下のように求められる。

$$20\,000 \times 19 \times 800 = 304\,000\,000 \text{ Byte} \fallingdotseq 289.9 \text{ MByte}$$

（例2） シリンダ数 = 2 000, 1 シリンダ当りのトラック数 = 15 トラック,
1 トラック当りのセクタ数 = 32 セクタ, 1 セクタ当りの記憶容量 = 500 バイ
トの磁気ディスク装置の容量を求めよ。

（解） 式 （8.1） より以下のように求められる。

$$500 \times 32 \times 15 \times 2\,000 = 480\,000\,000 \,\text{Byte} \fallingdotseq 457.8 \,\text{MByte}$$

8.1.2 記 憶 方 式

磁気ディスク装置のデータ記憶方式には, **図 8.2** に示すバリアブル方式と
セクタ方式がある。バリアブル方式は, 汎用コンピュータの磁気テープ装置で
使われてきた方式であるが, 現在はあまり使われなくなっている。

（1） **バリアブル方式**　バリアブル方式は, データの読み書きを**ブロック**
単位で行う。ブロックは複数の項目を一つにまとめたレコードの集合で, 1 ブ
ロックに含まれるレコード数を**ブロック化因数**と呼ぶ。一般に, 1 トラックに
複数のブロックを記憶し, ブロックとブロックの間には, IBG （ブロック間
ギャップ） がある。

（2） **セクタ方式**　セクタ方式は, データの読み書きを**セクタ**単位で行
う。1 セクタに収まらないデータは複数のセクタにまたがるが, 1 セクタに複
数のデータを記憶することはできない。

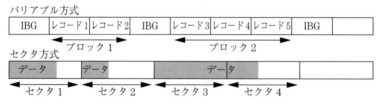

図 8.2 バリアブル方式とセクタ方式

（３）　**保存可能レコード数の計算**　　バリアブル方式では，ブロック化により記憶効率を上げた方法がとられている。この方式における保存可能レコード数の計算方法を以下に示す。

（例）　1シリンダ当りのトラック数 = 19 トラック，1 トラック当りの記憶容量 = 20 000 バイト，ブロック化因数 = 6，IBG = 250 バイト，1 レコード = 600 バイト，レコード数 = 15 000 件の磁気ディスク装置に必要なシリンダ数を求めよ。

（解）　まず，1ブロックの容量は，$600 \times 6 + 250 = 3\,850$ Byte　となる。1 トラックに保存できるブロック数は，$20\,000 \div 3\,850 = 5.194\cdots$　となるから，5 ブロックである。したがって，1トラックに保存できるレコード数は，$5 \times 6 = 30$ レコード，1シリンダに保存できるレコードは，$19 \times 30 = 570$ レコードとなる。よって，必要なシリンダ数は，$15\,000 \div 570 = 26.31\cdots$　であるから，27 シリンダとなる。

　ちなみに，ブロック化されていない場合（ブロック化因数 = 1）を想定して計算してみると，シリンダ数 = 35 となり，約3割増のシリンダ数が必要になることがわかる。

8.1.3　アクセス時間

　磁気ディスク装置にデータを記憶したり，記憶したデータを読み出したりする時間を**アクセス時間**（access time）という。アクセス時間は次式で求められる。

$$\text{アクセス時間} = \text{シーク時間} + \text{サーチ時間} + \text{データ転送時間} \quad (8.2)$$

　（１）　**シーク時間**　　磁気ヘッドを目的のトラック上まで移動させる時間，または**位置決め時間**（seek time）ともいう。

　（２）　**サーチ時間**　　磁気ヘッドが目的のトラック上に来たとき，回転するトラック上のデータの先頭位置が磁気ヘッドの真下にあれば，待ち時間0でアクセスできるが，通過直後であれば1回転するのを待つ必要がある。したがっ

て，両者の平均をとり1/2回転を**サーチ時間**（search time）または**回転待ち時間**（latency time）という。サーチ時間は，ディスクの回転速度から求めることができる。

（3）**データ転送時間**　　**データ転送時間**（data transfer time）は，回転速度とデータ容量をもとに算出される。ディスクの1回転時間が1トラックのデータ転送時間に相当する。

（4）**アクセス時間の計算**　　アクセス時間の計算例を以下に示す。

（例）　平均位置決め時間 = 20ミリ秒，1トラック当りの記憶容量 = 20 000バイト，1分間当りの回転数 = 3 000 rpm の磁気ディスクから，5 000バイトのデータのアクセス時間を求めよ。

（解）　式（8.2）に従って求める。まず，シーク時間（平均位置決め時間）は，20ミリ秒である。次に，サーチ時間は1/2回転に要する時間である。この磁気ディスクは，1分 = 60秒 = 60 000ミリ秒に3 000回転するので，1回転に要する時間は，60 000 ÷ 3 000 = 20ミリ秒となる。サーチ時間は，この半分で10ミリ秒となる。最後に，データ転送時間を求める。転送速度は，1トラックのデータを1回転で転送できるので，20 000 ÷ 20 = 1 000バイト / ミリ秒となる。すなわち，1ミリ秒で1 000バイトの転送ができる。題意から5 000バイトのデータをアクセスする必要があるので，データ転送時間は，5 000 ÷ 1 000 = 5ミリ秒となる。したがって，式（8.2）より，アクセス時間は，20 + 10 + 5 = 35ミリ秒となる。

8.2　インデックス

インデックス（index）は，物理ファイルとして定義されたデータを効率的に検索したり，結合演算させたりする仕組みのことである。インデックスを設定しない場合には，検索処理や結合処理をデータの物理順序などで逐次アクセスすることになり，データ量が多くなると検索効率が低下する。インデックス

を設定する場合の考え方を以下に示す。

① インデックスを設定すると，一般に検索効率が向上する。ただし，更新アクセスを行う場合は，データだけでなくインデックスも更新する必要がある。また，インデックスを設定しても更新効率が向上するとは限らない。

② データ量が少ないときは，インデックスを設定しないほうがよい場合がある。

③ インデックスは，キー属性だけでなく非キー属性にも設定できる。検索条件やデータ量，処理条件などを考慮し，インデックスを設定すべきかどうかを検討する必要がある。

インデックスの代表的な実現方法には，B$^+$木インデックス，B木インデックス，ハッシュインデックス，およびビットマップインデックスなどがある。

8.2.1　B$^+$木インデックス

DBMS で最も広く一般的に提供されているインデックスが B$^+$木（B$^+$ tree）インデックスである。これは，B木（B-tree）インデックスを改良したものである。B$^+$木インデックスと B木インデックスは，多分岐の木構造であり，節（ノード）に相当する各ページ（またはブロック）が枝（リンク）に相当するポインタで接続される。最上位のページが**ルートノード**で，下位の複数のノード（中間ノードまたはリーフノード）へのポイントを持つ。**中間ノード**は，さらに下位の複数のノードへのポインタを持ち，最下位のノードは**リーフノード**である。B$^+$木インデックスや B木インデックスの木構造は**バランス木**（balanced tree）と呼ばれ，行の追加，更新，削除に伴ってインデックスをメンテナンスする場合には，すべてのリーフノードの深さが同じになるように行われる。

図 8.3 に B木インデックスの例を示す。B木インデックスは，ルートページからリーフページまでのすべてのノード中に，キー値およびそのキー値を有するデータページ中の行へのポインタを持つ。このキー値とポインタとの組が

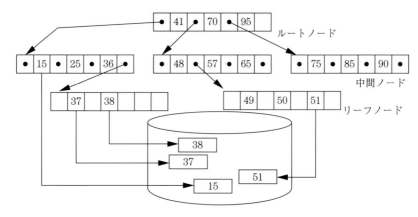

図 8.3　B 木インデックスの例

一つのインデックスエントリになる。同じキー値を持つ行が複数存在する場合でも，B 木インデックスの場合には，異なるインデックスエントリとして保持する。データベース中の行へのポインタは，ROWID（行識別子）と呼ばれる。一般に，レコードの数が多くなるとそれにつれて階層が深くなるが，3 ～ 4 階層程度と考えてよい。

　B 木インデックスを利用したレコード検索では，**二分探索**（binary search）を行いながらルートノード，中間ノード，リーフノードとたどって，ROWID を取得する。例えば，図 8.3 でキー 51 を探したいとする。その場合，まずルートノードを二分探索してキー 51 を探す。この場合，51 は 41 より大きく 70 よりも小さいので，キー 48 から始まる中間ノードを探せばよいことがわかる。この中間ノードを調べると，48 < 51 < 57 なので，キー 51 はキー 49 から始まるリーフノードに含まれることがわかる。最後にこのリーフノードでキー 51 のエントリが見つかれば，そのポインタを使ってレコードにアクセスできる。リーフノードのエントリはデータベースのレコードと 1 対 1 に対応するため，リーフノードに該当エントリが存在しない場合はデータベース中にレコードが存在しないことになる。

　B木インデックスでは，インデックス中のキー値の順に参照しようとすると，すべてのノードを上下にたどっていく必要があり，効率的ではない。この欠点を克服するために改良されたのがB⁺木インデックスである。

　図8.4にB⁺木インデックスの例を示す。B木インデックスでは，ルートノードからリーフノードまでのすべてのノード中にインデックスエントリを保持しているのに対して，B⁺木インデックスではすべてのインデックスエントリをリーフノード中に保持し，リーフノード以外のルートノードと中間ノードは，下位のノードへのポインタのみを保持している。さらに，リーフノード間にポインタを追加することによって，キー値をその値の順序にたどれるようになっている。

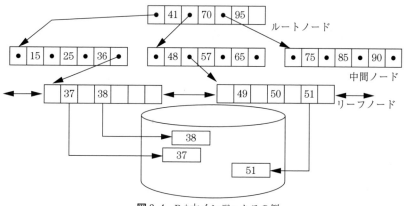

図8.4　B⁺木インデックスの例

8.2.2　ハッシュインデックス

　キャッシュバッファのサイズにもよるが，一般にB⁺木インデックスを使って巨大なデータベースにアクセスする際には，ルートノードだけがキャッシュバッファにあるのが普通である。そのため，レコードにたどりつくまでに中間ノード，リーフノード，そしてレコードと何回もディスクにアクセスしなけれ

ばならない。これを1回のアクセスでレコードを取得できるようにしようとするのが**ハッシュインデックス**（hash index）である。

　ハッシュインデックスは，キー値に対してある関数を適用して，その結果得られた関数値をもとにして行の格納位置（ROWID）を求めるインデックスである。キー値から格納位置を求めるための関数を**ハッシュ関数**（hash function）といい，ハッシュ関数を用いてキー値を格納位置に変換することを**ハッシング**（hashing）という。

　図8.5にハッシュインデックスの例を示す。例えば，学生番号（sno）をキーとする場合，学生番号を適当な数で割った余りを返すような関数をハッシュ関数として選び，関数の戻り値（ハッシュ値）が指すページにそのキーを持つレコードを格納しておく。こうしておけば，ある学生番号を持つレコードを検索する際には，ハッシュ関数で特定したページを読み込むだけで済むようになる。

　ハッシュインデックスは，ハッシングを行うのでキーを構成するすべての列に対して等号条件（＝）が指定された場合にしか利用できない。すなわち，範囲検索などの連続したキー値を持つ行の集合の検索や，キー値の順序での検索には利用できないという短所がある。

　ハッシングによって異なるキー値に対して，同一の関数値が求まることを**衝突**（コンフリクト（conflict））が発生するといい，それらのキー値を**同義語**（シノニム（synonym））という。また，B$^+$木インデックスではインデックスの作成や削除をテーブルの作成とは独立にできるが，ハッシュインデックスではハッシュ関数の選び方がテーブルの構造に影響する。したがって，テーブル作成の時点で，どのようなハッシュ関数を使ってインデックスを作成するかを決めておく必要がある。

　ハッシュインデックスには，以下の特徴がある。

　　①　検索効率がデータベースの大きさに左右されない。

　　②　シノニムの発生が増えるとアクセス効率が低下する。

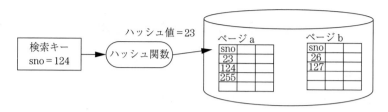

図8.5 ハッシュインデックスの例

8.2.3 ビットマップインデックス

ビットマップインデックスは，取り得る値の数が少ないフィールドに対して複雑な検索を行う場合に適しているインデックスの手法である。**図8.6**に示すように，ビットマップインデックスは，リーフページ以外はB$^+$木インデックスと同じ構造を持ち，リーフページ内のインデックスエントリの各キー値に対して，複数の格納位置（ROWID）ではなく，各ビットが表中の各行に対応するビットマップ（ビット列）を持つ。そのビットマップ中のON ビットに対応する行がそのキー値を持つ行であることを示す。ビット演算を用いることにより，SQL 文を効率的に処理できる場合がある。

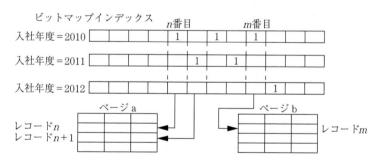

図8.6 ビットマップインデックスの例

8.3　テーブルのアクセス方法

　SQL 文を用いてデータベースを操作することは難しいことではないが，RDBMS が問い合わせを実行する速度は，SQL 文の書き方によって大きく異なる。記述の違いによって，応答時間が何倍も違うことは珍しくない。速い SQL 文を書くためには，RDBMS が SQL 文を内部でどのように処理しているのかを理解することが必要になる。その過程を知ることで，アクセス方法をコントロールできるようになる。

　SQL 文は**図 8.7** に示すように実行までに三つの過程から構成されている。

　（1）　**SQL 文の解析**　　まず，RDBMS は受け取った SQL 文を解析する。具体的には，その SQL 文が文法的に正しいかどうかをチェックし，選択，射影，結合といった処理がそれぞれどのように実施されるかという文の構造を把握する。また，データベースの管理情報をもとに，SQL 文に指定したテーブルやフィールドの存在や，ユーザがアクセス権限を持っているかどうかをチェックする処理も行う。

　（2）　**SQL 文の書き換え**　　次に，RDBMS は SQL 文をより高速に実行できるように書き換える。同じ結果を返す SQL 文であっても，処理内容の違いによって実行速度は異なる。そこで，処理の手順や演算の種類を変更するといった書き換えを行う。書き換えられた SQL 文は，最終的に RDBMS 内部の処理命令の集まりに変換される。

　（3）　**実行計画の作成**　　こうして作られた RDBMS 内部の処理命令の集まりを実行する方法は，一つとは限らない。例えば，データの検索には，テーブル全体を先頭から順に検索する方法もあれば，インデックスを利用する方法もある。複数のテーブルを扱う場合には，それらを結合するアルゴリズムや結合の順序などにもさまざまな方法が考えられる。RDBMS は，処理命令を実行する手続きを何通りか作成したうえで，その中から最も効率のよいものを選択する。こうして完成した RDBMS 内部の形式で表された一連の手続きを**実行計画**

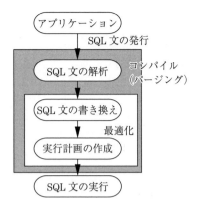

図8.7　SQL の実行過程

（query plan）という。

8.4　テーブルの結合方法

　SQL 文の処理は，大別すると選択，射影，結合の3種類があるが，最も負荷が大きいのが結合処理である。したがって，SQL 文の高速化を実現するには結合処理の最適化を行う必要がある。テーブルの結合に利用するアルゴリズムには，ネストループ結合，マージ結合およびハッシュ結合がある。一般的に，これらの三つのアルゴリズムの処理速度は，ハッシュ結合が最速であり，"ハッシュ結合＜マージ結合＜ネストループ結合"の順である。ただし，二つのテーブルのレコードの数が極端に違う場合や，両方のレコードの数が十分小さいときには，必ずしもこの順番にならないこともある。

8.4.1　ネストループ結合

　ネストループ結合（nested loop join）は，単純に2重ループでテーブルを結合する方法である。例えば，**図8.8**に示すように，AとBの二つのテーブルがあった場合，AのレコードごとにBの全レコードと比較して，フィールドの値が一致するものを探索する。したがって，処理コストは二つのテーブルのレコード数の積に比例する。Bにインデックスが定義されている場合は，Bの

レコードの検索にインデックスを利用することも可能である。一般に，インデックスが設定されていない小さなテーブルと，インデックスが設定されている大きなテーブルの二つを結合する場合が効果的である。

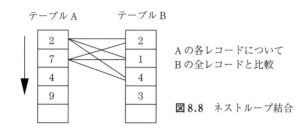

テーブルA　　　テーブルB

Aの各レコードについて
Bの全レコードと比較

図8.8　ネストループ結合

8.4.2　マ ー ジ 結 合

マージ結合（merge join）は，ネストループ結合を改良した方法であると考えられる。まず，二つのテーブルを，結合するフィールドについてあらかじめソートしておく。そして，両方のテーブルのレコードに対して持たせたポインタを，レコードの上から下へと順に走査させながらフィールドの値が一致するものを探索する方法である。レコードの走査が1回で済むのが特徴である。

　例えば，**図8.9**に示すように，まずA，Bのポインタの両方を先頭のレコードにおき，Aの2とBの1を比較する。Bのレコードはソート済みなので，もしBに値2を持つレコードがあるなら下方にあるはずである。そこでBのポインタを一つ下へ移動すると2が見つかる。さらにBのポインタをもう一つ下に移動して，値3のレコードを取得する。仮にAに値3のレコードがあるなら，それは下方にあるはずなのでAのポインタを一つ下に移動してレコードの値を取り出す。この値は4と，3よりも大きくなってしまったので，今度はBのポインタを一つ下げて値4のレコードを取り出す。このように，「自分が相手よりも値が大きくなったら，相手のポインタを一つ進める」ことを繰り返していけば，最終的に条件に見合うレコードを取り出すことができる。

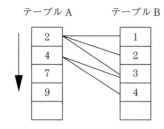

ソート済みのテーブルのそ
れぞれについてポインタを
進めながら比較

図8.9　マージ結合

8.4.3　ハッシュ結合

ハッシュ結合（hash join）も，ネストループ結合を改良した方法であると考えられる（**図8.10**）。ネストループ結合では，テーブルAの各レコードについて，テーブルBを全件走査する。この検索処理の部分にハッシュ法を使うことで高速化を図るのがハッシュ結合である。まず，結合するフィールドの値をキーとして，テーブルBに対するハッシュテーブルを作る。そしてテーブルAのレコードごとにフィールドの値が一致するものをハッシュテーブルから検索すれば，テーブルの結合が完成する。元のテーブルのサイズが大きいと作成したハッシュテーブルがメモリに収まらないため，一般にはあらかじめテーブルをいくつかのパーティションに分割してから，パーティションごとにハッシュ結合を行うように工夫されている。

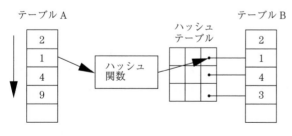

Bのハッシュテーブルを
利用してAの各レコード
について検索

図8.10　ハッシュ結合

演 習 問 題

8.1 回転速度が5 000 回転/分,平均シーク時間が20 ミリ秒の磁気ディスクがある。この磁気ディスクの1 トラック当りの記憶容量は,15 000 バイトである。このとき,1 ブロックが4 000 バイトのデータを,1 ブロック転送するために必要な平均アクセス時間は何ミリ秒か。

(ア) 27.6   (イ) 29.2   (ウ) 33.6   (エ) 35.2

8.2 次の仕様の磁気ディスク装置がある。このディスク装置に,1 レコード200 バイトのレコード10 万件を順編成で格納したい。10 レコード1 ブロックとして記録するときの必要シリンダ数はいくつか。ただし,一つのブロックは複数のセクタにまたがってもよいが,ブロック長256 の倍数でないとき,最後のセクタで余った部分は利用されない。

トラック数/シリンダ	19
セクタ数/トラック	40
バイト/セクタ	256

(ア) 103   (イ) 105   (ウ) 106   (エ) 132

8.3 次の仕様の磁気ディスク装置がある。この磁気ディスク装置において,1 ブロック(5 000 バイト)のデータを読み込むためにアクセス時間は約何ミリ秒か。

磁気ディスクの回転数	2 500 回転/分
記憶容量/トラック	20 000 バイト
平均シーク時間	25 ミリ秒

(ア) 31   (イ) 37   (ウ) 43   (エ) 50

8.4 0000 ～ 4999 の物理アドレスを持つデータベース域があり,レコードのキー値から物理アドレスに変換するアルゴリズムとして基数変換法を用いる。キー値が55550 のとき,物理アドレスはどれか。ここで,基数変換法ではキー値を11 進数と見なし,10 進数に変換後,下4 けたに対して0.5 を乗じた結果をレコードの物理アドレスとする。

(ア) 26   (イ) 260   (ウ) 520   (エ) 2600

8.5 B木構造のファイルにおいて,1 ノード中のエントリー数がk,最大レベルがhである場合,最小何レコードを格納することができるか。

(ア) $(k+2)^h-1$ (イ) k^h-1

(ウ) $2(k+1)^{h-1}-1$ (エ) $2k^{h-1}-1$

8.6 ハッシュインデックスの特徴に関する記述として，適切なものはどれか。

（ア）　B木インデックスと比較して，不等号の条件検索が困難である。

（イ）　B木インデックスと比較して，ワイルドカード式の検索が容易である。

（ウ）　インデックスノードが木構造になっており，複数のノードを経由して
レコードへアクセスする。

（エ）　レコードの追加や削除が多くなっても，インデックスの再編成の必要
がない。

8.7 ハッシュアクセス手法として，適切なものはどれか。

（ア）　データ項目の値が特定の値を持つか否かを，レコード番号に対応した
レコードビット位置のON/OFFで表現する。重複する値の多いデータ
の場合に効果がある。

（イ）　レコード格納位置の計算にレコード特定のデータ項目を引数とした関
数を使用する。一意検索に優れているが，連続したデータの検索には
向かない。

（ウ）　レコードのデータ項目ごとに，データ項目の値とそのレコード格納位
置を組にしたインデックスを持つ。データ項目のレコードを検索する
のに向いている。

（エ）　レコードの特定のデータ項目の値から，階層的なインデックスを格納
するブロックを作る。この階層のリーフブロックにレコード格納位置
が記憶される。大量のレコード件数に対してルートブロックからリー
フブロックへの階層数が少なくて済む。

8.8 関係データベースにおいて，タプルNの表二つに対する結合操作を入れ子ルー
プ法によって実行する場合の計算量はいくらか。

（ア）　2N　　　（イ）　logN　　　（ウ）　N^2　　　（エ）　N logN

8.9 以下の英文を和訳しなさい。

In computer science, a B $^+$ tree or B plus tree is a type of tree which represents
sorted data in a way that allows for efficient insertion, retrieval and removal of
records, each of which is identified by a key.

It is a dynamic, multilevel index, with maximum and minimum bounds on the
number of keys in each index segment (usually called a "block" or "node").

In a B $^+$ tree, in contrast to a B-tree, all records are stored at the leaf level of
the tree; only keys are stored in interior nodes.

9章
トランザクション管理

DBMS では，つねに不特定多数のユーザの要求に対処することが求められている。DBMS では受け付けた要求を，それ以上分割することのできないトランザクションという処理単位で実行する。トランザクションとは，データベースでの一連の処理単位であるともいえる。

本章では，トランザクション管理の概要，ACID 特性，同時実行制御，排他制御，および隔離水準について述べる。

9.1　トランザクション管理の概要

トランザクション（transaction）とは，"論理的にそれ以上分割することができない一連の操作"であり，障害回復に関する基本単位として SQL 文実行の並びとして定義されている。ここで，分割できない一連の操作とは，銀行などの金融システムにおける，入金処理（預金する）や出金処理（預金を引き出す）などの処理のことである。トランザクション管理は，このようなトランザクションが正常に成立したか否かを管理し，データベースをつねに一貫した状態に保つ役割を果たしている。

例えば，**図 9.1** に示すように，顧客の普通預金口座から当座預金口座に 100 万円を移動させる銀行のトランザクションを仮定する。このトランザクションは銀行側から見れば一つの操作であるが，コンピュータから見れば二つの操作（普通預金口座から 100 万円を引落す出金処理，当座預金口座に 100 万円を入金する入金処理）から構成される。例えば，出金処理が成功して入金処理が失敗した場合には，不整合を生じることになる。したがって，この二つの操作は

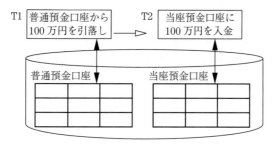

図 9.1 トランザクションの例

両方成功するか，または両方失敗することが保証され，銀行のデータベースに不整合が生じないようにする必要がある。

　トランザクションを終了するための SQL には，COMMIT 文と ROLLBACK 文がある。トランザクション処理が成功した場合に，その結果を確定させることを "トランザクションを**コミット**（commit）する" という。COMMIT 文は，トランザクションをコミットし正常に終了させる。トランザクションをコミットすると，そのトランザクションで実行したすべての更新がデータベースに確実に反映されることになる。一方，トランザクション処理が失敗した場合に，その結果を反映させないことを "**ロールバック**（rollback）する" という。ROLLBACK 文は，トランザクションをロールバックし終了させる。トランザクションをロールバックすると，そのトランザクションで実行したすべての更新が取り消されることになる。

　トランザクションの状態遷移を**図 9.2**に示す。

① **アクティブ**　　トランザクションを実行中の状態である。

② **コミット処理中**　　COMMIT 命令が呼び出され，コミットのための処理を実行中の状態である。

③ **コミット済**　　コミットのための処理が終了した状態である。

④ **アボート処理中**　　アボートのための処理を実行中の状態である。明
示的に ABORT 命令が呼び出された場合の他，なんらかの理由でコ
ミット処理を正常に終了できない場合などもこの状態に到達する。

⑤ **アボート済**　　アボートのための処理が終了した状態である。

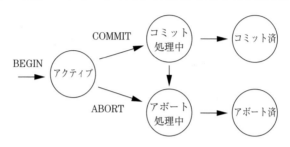

図9.2　トランザクションの状態遷移

9.2　ACID 特性

トランザクションはデータベースの処理の基本単位であり，データベースに
対するさまざまな操作は，コミットまたはロールバックという操作で区切られ
ている。最初の操作からコミットまたはロールバックまでがトランザクション
である。トランザクションは，**表9.1** に示すように **ACID 特性**（ACID
properties）を満たす必要がある。ACID 特性には，**原子性**（atomicity），**一貫
性**（consistency），**独立性**または**隔離性**（isolation），そして**耐久性**（durability）
がある。

表9.1　ACID 特性

原子性	トランザクションの処理がすべて実行されるか，まったく実行されないかのいずれかで終了するという特性である。
一貫性	データベースの内容が矛盾がない状態であるという特性である。
独立性 （隔離性）	複数のトランザクションを同時に実行した場合と，順番に実行した場合の結果が一致するという特性である。
耐久性	トランザクションが正常終了すると，障害が発生しても更新結果がデータベースから消失しないという特性である。

9.3　同時実行制御

9.3.1　並列トランザクションに起因する問題

DBMS は同じデータに対して，複数のユーザからのトランザクションが同時に実行された場合にも，データベースに不整合が生じないように管理する機能を提供する。これを**同時実行制御**（concurrency control）という。同時実行制御を行わないトランザクションが同時に実行されることによるトランザクションの不整合には，ロストアップデート，コミットされていない依存性の問題，および不整合分析の問題がある。

① **ロストアップデート**　　あるトランザクション T1 の更新が，他のトランザクション T2 によって上書きされ，T1 の更新した内容が失われてしまう現象を**ロストアップデート**（lost update）という。

② **コミットされていない依存性の問題**　　あるトランザクションが，他のトランザクションのアクセスしているデータを更新してしまうことにより不整合が発生する問題を"コミットされていない依存性の問題"という。発生する不整合としては，取り消した更新を読み込んでしまう**ダーティリード**（dirty read），他のトランザクションの更新や削除により読み込むたびにデータが変わる**ノンリピータブルリード**（non-repeatable read），他のトランザクションの追加により読み込むデータが変わる**ファントムリード**（phantom read）がある。

③ **不整合分析の問題**　　コミットされていない依存性の問題以外の問題で不整合が発生する問題を，不整合分析の問題という。

表 9.2 に並列トランザクションの問題点の例を示す。

表9.2 並列トランザクションの問題点の例

ダーティ リード	トランザクション T1 と T2 が並列して処理されている場合において，T1 においてあるデータを A から B に更新した（まだ 未コミット）とする。このとき T2 から 同じデータを問合せたときにまだ未コミット状態の B のデータを問合せの結果として戻している状態のことである。
ノンリピータブ ルリード	T1 により在庫数が 1 000 以上の商品一覧を問い合わせたとする。このときに T2 から商品が出荷や入荷されて正しくコミットされているとする。T1 から再度，同じ問合せをしたときに該当する商品一覧が T2 のコミットの前後で異なる結果を戻してしまうことである。 すなわち，同じ問合せを 2 回連続して繰り返しても同じ結果が保証できないということである。
ファントム リード	ファントムとは，幻影や幻の意味であり，タイミング次第で見えなかったものが突如出現するデータのことである。 T1 から問い合わせ，T2 から新商品の登録を行った場合に，T2 のコミットの前後で T1 の問合せに以前は存在しなかったものが出現することである。

9.3.2 同時実行制御の方式

並列トランザクションに起因する問題を解決するために，DBMS は同時実行制御の機能を有している。同時実行制御の方式として，ロック／アンロック，時刻印，および楽観的同時実行制御がある。

（1） ロック／アンロック

ロック／アンロック（lock/unlock）は，データベースにアクセスする際，アクセス対象となるデータを他のトランザクションからアクセスできないロック状態にし，排他制御する方法である。ロックの対象には，レコード（行），テーブル（表），データベースがある。ロックの対象が細かくなれば，同時に実行できるトランザクションが多くなり，トランザクション同士の待ち時間も少なくなるが，ロックを管理するオーバヘッドが大きくなる。

ロックのタイプには，**共有ロック**（S lock : shared lock）と**占有ロック**（X lock : exclusive lock）の 2 種類がある。共有ロックされたデータは，他のトランザクションからは参照のみ可能であるが，占有ロックされたデータはアクセスすることが不可能である。**表9.3** にロックのタイプと内容を示す。また，**表9.4** に共有ロックと占有ロックの**両立性行列**（compatibility matrix）を示

す。両立性行列は，占有ロックは排他的であるが共有ロック同士は両立することを示している。

表9.3 ロックのタイプと内容

共有ロック	トランザクションが SELECT 文によりデータを参照するものであるときのロックのモードである。共有ロックによりデータがロックされている間は，他のトランザクションからデータを参照することはできるが，データの変更はできない。
占有ロック（排他ロック）	トランザクションが INSERT 文，UPDATE 文および DELETE 文であるときのロックのモードである。占有ロックされている間は，他のトランザクションからデータの参照も変更もできない。

表9.4 共有ロックと占有ロックの両立性行列

	共有ロック（S lock）	占有ロック（X lock）
共有ロック（S lock）	○	×
占有ロック（X lock）	×	×

　ロック／アンロックを用いる場合，双方のトランザクションが他方に必要なデータをロックしてしまい，どちらもアンロック待ちに陥って処理が進まなくなる状態になることがある。このことを**デッドロック**（dead lock）が発生したという。

　図9.3に銀行口座間の振込み処理におけるデッドロックの発生例を示す。ここでは，トランザクション T1 は口座番号 10 の口座から口座番号 50 の口座に 8 万円の振込み処理，トランザクション T2 はこれとは逆に口座番号 50 の口座から口座番号 10 の口座に 5 千円の振込み処理と仮定する。ここで，T1 が口座番号 10 のレコードを変更後，T2 が口座番号 50 のレコードを変更したとする。この時点で，T1 は口座番号 10 のレコードを，T2 は口座番号 50 のレコードを占有ロックする。これらのレコードはトランザクションが終了するまでロックされ続けることになる。その後，T1 は口座番号 50 のレコードを変更しようとするが，そのレコードには T2 が占有ロックを掛けているため待機状態になる。一方，T2 も口座番号 10 のレコードを変更しようとするが，このレ

コードは T1 が占有ロックを掛けているためやはり待機状態になる。このような状況は，これ以上処理を進めることはできないことを意味している。このように二つのトランザクションが，たがいに相手のロックが解除されるのを待機して処理が進まなくなる状態がデッドロックである。

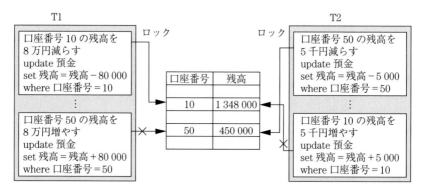

図9.3 デッドロックの発生例

デッドロックの発生を防止するために以下のような方法が考えられている。

① 資源をアクセスする順序を統一する（資源割当の固定化という）。

② 検索後に更新する場合は，検索時点から同時実行ができない占有ロックを掛ける。

デッドロックは発生した場合には，DBMS はデッドロックを検知して，いずれかのトランザクションをロールバックして取り消すことによって，そのトランザクションが掛けていたロックを外し，デッドロックを解消する必要がある。

デッドロックの検知は，DBMS のロック管理機能がロック解除待ちの有効グラフを作成することによって行われる。ロックを掛けた場合に，この有効グラフがループする場合にはデッドロックが発生する。この有効グラフのことを**待ちグラフ**（WFG : wait-for graph）という。WFG の作成手順を以下に示す。

① 同一資源へアクセスするトランザクション T_i $(i=1\cdots n)$ をノードとする。

② T_i が T_j によりロックされている資源のアンロックを待っている場合，$T_i \rightarrow T_j$ の有効エッジを引く。

このようにして作成された WFG がループ（サイクル）を含む場合には，デッドロックが存在すると判定する。**図9.4** は二つのトランザクションと対応する WFG である。同図から明らかなように，ループ（$T_1 \rightarrow T_2 \rightarrow T_1$）が存在するので，デッドロックの存在を検知することができる。

Time	T1	T2
t1	L1(a)	
t2	R1(a)	L2(b)
t3	a = a + 10	R2(b)
t4	W1(a)	b = b − 20
t5	L1(b)	W2(b)
t6		L2(a)
t7		

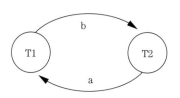

L1(a) T1 による資源 a のロック	L2(b) T2 による資源 b のロック
R1(a) T1 による資源 a の read	R2(b) T2 による資源 b の read
W1(a) T1 による資源 a の write	W2(b) T2 による資源 b の write
L1(b) T1 による資源 b のロック	L2(a) T2 による資源 a のロック

図9.4 デッドロックの発生例（トランザクションと待ちグラフ）

（2） 時 刻 印

時刻印（timestamp）は，トランザクション開始時の時刻印をトランザクションごとに保持しておき，データのアクセスが競合したときには，先に開始したトランザクションを優先して，他のトランザクションを取り消す方法である。時刻印を用いた方法は，ロックを用いないためデッドロックの問題が発生しない。しかし，処理時間の長いトランザクションほどロールバックされる可能性が高くなる問題点や，更新中のデータを他のトランザクションから参照されてしまうという問題点がある。

（3） 楽観的同時実行制御

楽観的同時実行制御（optimistic concurrency control）は，更新予定のデー

タに対する更新前の値を保持しておき，更新時にその値を用いて，更新する
データが他のトランザクションによって更新されていないことを確認後に実際
に更新する方法である。更新時に他のトランザクションによって更新されてい
た場合は，トランザクションをロールバックして取り消すことになる。時刻印
を用いた排他制御と同様に，ロックを用いないためデッドロックの問題が発生
しない方法であるが，トランザクション間でアクセスの競合頻度が少ない場合
を想定した方式である。

9.4　直列可能性

実行するトランザクションをすべて直列に実行すれば，トランザクション間
の干渉がなくなりデータの一貫性を保証することができるが，実用上は性能の
面から問題となる。ここでは，直列可能性と直列可能性を実現する代表的な方
法である2相ロッキングプロトコルについて説明する。

9.4.1　直列可能性

直列可能性（serializability）は，並列実行に起因する問題発生を防止するた
めに考えられた概念である。すなわち，二つのトランザクション T1 と T2 に
おいて，T1 と T2 を並列に実行した結果が，T1 → T2 または T2 → T1 の順に
実行した結果と等しい時，このスケジュールは**直列可能**であるという。直列可
能でないスケジュールでは，トランザクションの干渉によるデータの不整合が
発生する。

図 9.5 に直列可能性が保証されるトランザクションの例を示す。この例で
はトランザクション T1 と T2 ともに，アクセス競合資源を単純にロックし，
単純にアンロックしているので，重複実行されることがなく直列可能性が保証
されている。

T1	T2	
LOCK a	LOCK a	
READ a	READ a	LOCK：ロック
a = a + x		READ：読込み
STORE a	LOCK b	STORE：書込み
	READ b	UNLOCK：アンロック
LOCK b		
READ b	UNLOCK b	
b = b + x	UNLOCK a	
STORE b		
UNLOCK b		
UNLOCK a		

図9.5　直列可能性が保証されるトランザクションの例

9.4.2　2相ロッキングプロトコル

トランザクションにおいて，データ操作の前に排他資源に対し，一斉にロックを掛け，操作終了後に一斉にロックを解く方式を**2相ロッキングプロトコル**（two phase locking protocol）という。一斉にロックを掛ける処理を第1相または**成長フェーズ**，一斉にロックを解く処理を第2相または**縮退フェーズ**という。2相ロッキングプロトコルは，直列可能性が保証されるが，デッドロックを防止することはできない。

図9.6に2相ロッキングプロトコルの例を示す。

T1		
LOCK a	成長フェーズ	
LOCK b	（第1相）	LOCK：ロック
READ a		READ：読込み
READ b		STORE：書込み
b = a + b		UNLOCK：アンロック
STORE b		
UNLOCK a	縮退フェーズ	
UNLOCK b	（第2相）	

図9.6　2相ロッキングプロトコルの例

9.5　隔 離 性 水 準

トランザクションの**隔離性水準**（isolation level）は，同時に実行される他の
トランザクションからの影響を受ける度合いを意味する。隔離性水準が高いほ
ど他のトランザクションの影響を受けない。逆に，隔離性水準が低いほど他の
トランザクションの影響を受けることになるが，同時実行性能を向上させるこ
とができる。隔離性水準には，四つのレベルがあり，各レベルでトランザク
ションの並列トランザクションに起因する問題（ダーティリード，ノンリピー
タブルリード，ファントムリード）が異なる。**表9.5**に隔離性水準と発生す
る問題を示す。

①　**未コミットデータの読込み**（read uncommitted）　コミットされて
いない更新データを他のトランザクションが読み込むことを許可する
水準であり，すべての問題が発生する。

②　**コミット済みデータの読込み**（read committed）　コミットされて
いない更新データを他のトランザクションが読み込むことを許可しな
い水準であり，ダーティリードを防止することができる。

③　**繰り返し可能読込み**（repeatable read）　同じデータを読み込む場
合に，当該トランザクションが終了するまで他のトランザクションに
よりデータが更新されないことを保証する。ダーティリードとノンリ
ピータブルリードを防止することができる。

表9.5　隔離性水準と発生する問題

隔離性水準	ダーティリード（不正読込み）	ノンリピータブルリード	ファントムリード
read uncommitted	発生する	発生する	発生する
read committed	発生しない	発生する	発生する
repeatable read	発生しない	発生しない	発生する
serializable	発生しない	発生しない	発生しない

④　**直列化可能**（serializable）　　直列可能性を保証するレベルである。
すべての問題を防止することができる。

演　習　問　題

9.1　オンライントランザクションの原子性の説明として，適切なものはどれか。
- （ア）　データの物理的格納場所やアプリケーションプログラムの存在場所を意識することなくトランザクション処理が行える。
- （イ）　トランザクションが完了したときの状態は，処理済か未処理のどちらかしかない。
- （ウ）　トランザクション処理において，データベースの一貫性が保てる。
- （エ）　複数のトランザクションを同時に処理した場合でも，個々のトランザクション処理の結果は正しい。

9.2　トランザクションの ACID 特性のうち，独立性 について述べたものはどれか。
- （ア）　すべての処理が実行されるか，まったく実行されないかのいずれかである。
- （イ）　正常終了したとき，更新結果はデータベースから消失しない。
- （ウ）　中間結果は，ほかのトランザクションの処理内容に何の影響も与えない。
- （エ）　データベースの整合性制約を保つ。

9.3　トランザクションの ACID 特性の説明として，適切なものはどれか。
- （ア）　トランザクションでは，実行すべき処理がすべて行われるか，何も処理が行われないかという状態のほかに，処理の一部だけ行われるという状態も発生する。
- （イ）　トランザクションの実行完了後でも障害の発生によって実行結果が失われることがある。
- （ウ）　トランザクションの実行の結果が矛盾した状態になることはない。
- （エ）　トランザクションは相互に関連しており，同時に実行される他のトランザクションの影響を受ける。

9.4 ロックの粒度を細かくした場合の記述として，適切なものはどれか．

（ア） ロックを管理するためにかかるコストは減少し，同時実行できるトランザクション数は増大する．

（イ） ロックを管理するためにかかるコストは減少し，同時実行できるトランザクション数も減少する．

（ウ） ロックを管理するためにかかるコストは増大し，同時実行できるトランザクション数は減少する．

（エ） ロックを管理するためにかかるコストは増大し，同時実行できるトランザクション数も増大する．

9.5 DBMS において，デッドロックを検出するために使われるデータ構造はどれか．

（ア） 資源割当て表　　　　　　　　（イ） 時刻印順管理表

（ウ） トランザクションの優先順管理表　（エ） 待ちグラフ

9.6 トランザクションの同時実行制御である 2 相ロッキングプロトコルに関する記述として，適切なものはどれか．

（ア） 2 相ロッキングプロトコルには，共有ロック，占有ロックの概念はない．

（イ） 異なるテーブルであれば，アンロックした後にロックを行なってもよい．

（ウ） デッドロックの発生を防ぐことはできない．

（エ） 読込みを行うトランザクションは，ロックする必要がない．

9.7 二つのトランザクション T1 と T2 を並列に実行した結果が，T1 の完了後に T2 を実行した結果，または T2 の完了後に T1 を実行した結果と等しい場合，このトランザクションスケジュールの性質を何と呼ぶか．

（ア） 一貫性　　（イ） 原子性　　（ウ） 耐久性　　（エ） 直列可能性

9.8 隔離性水準のうち，トランザクション間の干渉の許容度が最も高いものはどれか．

（ア） 繰り返し可能な読込み（repeatable read）

（イ） コミットされない読込み（read uncommitted）

（ウ） コミットされた読込み（read committed）

（エ） 直列化可能（serializable）

9.9 トランザクション管理に関する記述として，適切なものはどれか。

(ア) 2相ロック方式は，分散型データベースのための制御方式であり，集中型のデータベースでは使用されない。

(イ) ダーティーリードを許すなど，トランザクション相互の干渉を多くするようにトランザクションの実行を制御すると，トランザクション処理のスループットは低くなる。

(ウ) 同時実行制御の目的は，データベースの一貫性を保ちながら複数のトランザクションを並行に処理し，単位時間当りに実行されるトランザクション数を最大にすることである。

(エ) ロックの粒度とは，資源をロックする期間のことであり，ロックの粒度が細いほど，トランザクションの並行実行性は高くなる。

9.10 以下の英文を和訳しなさい。

A database transaction comprises a unit of work performed within a database management system against a database, and treated in a coherent and reliable way independent of other transactions.

Transactions in a database environment have two main purposes:

1. To provide reliable units of work that allow correct recovery from failures and keep a database consistent even in cases of system failure, when execution stops (completely or partially) and many operations upon a database remain uncompleted, with unclear status.

2. To provide isolation between programs accessing a database concurrently. Without isolation the programs' outcomes are possibly erroneous.

10章
障 害 回 復

DBMSはコンピュータ上で動作するために，停電やハードウェア障害の危険性を絶えず抱えている。障害回復機能は，トランザクションのACID特性の中で原子性，一貫性，耐久性を維持するために重要な機能である。

本章では，障害回復の概要，前進復帰と後退復帰，ログファイル，チェックポイント，および障害への対応について述べる。

10.1 障害回復の概要

障害回復機能が対象とする障害を分類すると以下のようになる。

（1）**トランザクション障害**（transaction failure）　論理的な誤動作によるプログラム障害である。例えば，データベース操作の失敗，データの不備，資源不足，デッドロック，論理エラーなどによって発生する障害である。障害回復は，トランザクション開始後に行ったすべての更新作業を取り消し，ロールバックし再スタートする。

（2）**システム障害**（system failure）　ソフトウェアやハードウェアのトラブルによりシステムが停止する障害である。障害回復は，データベースの一貫性が保証されるチェックポイントまでロールバックし，コミットしたトランザクションはロールフォワードにより処理が完了した状態に復旧させる。コミットしていないトランザクションはロールバックし再スタートする。

（3）**メディア障害**（media failure）　データを格納している記憶媒体の故障により，データの読み書きができなくなり，データベースの一部または全部を失ってしまう障害である。事前に複写されているバックアップコピーを記

憶媒体上に戻し，ログファイルを利用して障害直前の状態にロールフォワードし復旧させる。

10.2 ロールフォワードとロールバック

トランザクションの原子性を保障するためには，トランザクション中で実行したすべての更新をデータベースに反映するか，すべて取り消す必要がある。

障害が発生した時点でトランザクションが実行中で未コミットであれば，そのトランザクション中で実行したすべての更新を取り消す必要がある。トランザクション中で実行したすべての更新を取り消して，障害回復を行うことを**ロールバック（後退復帰または UNDO）**という。

トランザクションがコミットされたが，まだ2次記憶装置に書き込まれていない更新がある場合には，そのトランザクションを再実行して，そのトランザクション中で実行したすべての更新をデータベースに反映させる必要がある。トランザクション中で実行したすべての更新を再実行して，障害回復を行うことを**ロールフォワード（前進復帰または REDO）**という。**表10.1**に障害の種類と回復方式との関係を示す。

表10.1　障害の種類とロールバック・ロールフォワードとの関係

障害の種類	障害回復方式	
	ロールバック（後退復帰）	ロールフォワード（前進復帰）
トランザクション障害	そのトランザクションに対して，障害発生時に適用する。	―
システム障害	障害が発生したときに実行中であったすべてのトランザクションに対して，DBMS の再起動時に適用する。	障害が発生したときにコミット済みであるが，2次記憶装置への書き込みが未完了のすべてのトランザクションに対して，DBMS の再起動時に適用する。
メディア障害	―	バックアップを用いてデータベースを回復した後，バックアップ以降で障害発生までの間にコミット済であるすべてのトランザクションに対して適用する。

10.3 ログファイル

トランザクションが行った更新などの操作は，障害に備えて**ログファイル**（log file）または**ジャーナルファイル**（journal file）に記録される。ログファイルへの書出し方式には，**ログ先書出し方式**（WAL：write ahead log）が使用される。ログ先書出し方式は，データベースを更新する前に，まず更新内容をログファイルへ書き込む方式である。ログを先に書き出すことによって，トランザクション障害が発生した場合にもデータベースを回復できる。

ログを先に書く **WAL プロトコル**は以下の規則に従う方法である。

① データベースの更新データの書出しより先に，その更新のログを書き出す。

② コミットより先に，当該トランザクションがデータベースに対して行ったすべての更新ログを書き出す。

ここで，上記①をログ先書出し方式，②をコミット時ログ強制書出し方式ということもある。

ログファイルの種類には，データベースの更新前ログとデータベースの更新後ログがある。更新前ログは，データベースを更新前に戻す UNDO 処理（ロールバック）のために使用し，更新後ログは，トランザクション障害から復旧する REDO 処理（ロールフォワード）のために使用される。

10.4 チェックポイント

一般に，データベースへの更新は主メモリ上で行われた後に，2次記憶装置（ハードディスク）へ書き出されるので，主メモリ上の内容と2次記憶装置上のデータがつねに一致するとは限らない。したがって，DBMS は**チェックポイント**（check point）という技法を用いて，主メモリ上のデータを強制的に2次記憶装置上に反映させている。

　チェックポイントの時点では，ログファイルの内容と2次記憶装置上の内容が一致している。したがって，システム障害などが発生した場合には，このチェックポイント時点からロールフォワードにより回復することができるので，障害回復時間を短縮することができる。チェックポイントの設定方法は，①一定時間間隔ごと，②一定のトランザクション実行数ごと，③一定のログ量ごと，などがある。

　チェックポイントに着目して，トランザクションと障害発生時刻との関係から回復方法を整理すると**図10.1**に示すようになる。

　T1は，チェックポイント時点ですでにコミット済みのトランザクションであるので回復処理は不要である。T2とT3は，障害発生前にコミット済みであるので，チェックポイント以降の操作をロールフォワードによって回復する必要がある。T4とT5は，障害発生時に実行中であるので，ロールバックによって回復する必要がある。なお，参照のみのトランザクションは回復不要である。

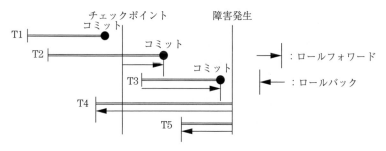

T1：チェックポイント時点ですでにコミット済みのトランザクション
T2：チェックポイント時点に実行中で，障害発生前にコミット済みのトランザクション
T3：チェックポイント後に開始され，障害発生前にコミット済みのトランザクション
T4：チェックポイント時点に実行中で，障害発生時点に実行中のトランザクション
T5：チェックポイント後に開始され，障害発生時点に実行中のトランザクション

図10.1　チェックポイントを用いた回復方法

10.5　障害への対応

　DMBSの障害回復は，障害の種類により分類することができる。障害がトラ

ンザクション障害であるか，システム障害であるか，メディア障害であるかによって異なる。**表 10.2** に障害への対応を示す。

表 10.2　障害への対応

障害の種類	障害回復方法
トランザクション障害 （プログラムの障害）	当該トランザクションをロールバック（UNDO）する。
システム障害 （ソフトウェアやハード ウェアの障害）	チェックポイント時点からログファイルを使用して， システム発生時点の状態に回復する。
メディア障害 （記憶媒体の障害）	バックアップファイルから回復する。

演 習 問 題

10.1　更新前情報と更新後情報をログとして利用する DBMS において，ログ先書出し方式に従うとして，手順①〜⑥を正しい順番に並べたものはどれか。

①　Begin transaction レコードの書出し

②　データベースへの書出し

③　ログに更新前レコードの書出し

④　ログに更新後レコードの書出し

⑤　Commit レコードの書出し

⑥　End transaction レコードの書出し

（ア）　①→②→③→④→⑤→⑥　　　（イ）　①→③→②→④→⑥→⑤

（ウ）　①→③→②→⑤→④→⑥　　　（エ）　①→③→④→②→⑤→⑥

10.2　システム障害発生時には，データベースの整合性を保ち，かつ最新のデータベース状態に復旧する必要がある。このために，DBMS がトランザクションのコミット処理完了と見なすタイミングとして，適切なものはどれか。

（ア）　すべて更新データの実更新完了時点

（イ）　チェックポイント処理完了時点

（ウ）　ログバッファへの書込み完了時点

（エ）　ログファイルへの書出し完了時点

10.3　データベースの障害回復処理に関する記述のうち，適切なものはどれか。

（ア）　異なるトランザクション処理プログラムが，同一データベースを同時更新することによって生じる論理的な矛盾を防ぐために，データ

のブロック化が必要となることがある。

(イ) データベースの物理的障害に対して，バックアップファイルをリストアした後，ログファイルの更新前情報を使用してデータの回復処理を行う。

(ウ) トランザクション処理プログラムがデータベースの更新中に異常終了した場合には，ログファイルの更新後情報を使用してデータの回復処理を行う。

(エ) トランザクション処理プログラムでデータベースの更新頻度が多い場合には，チェックポイントを設定してデータの回復に備えることがある。

10.4 データの追加・変更・削除が少ないながら，一定の頻度で行われるデータベースがある。このデータベースのバックアップを磁気テープに採取するに当たって，バックアップ作業の間隔を今までの 2 倍にした。このとき，データベースの運用に関する記述として，適切なものはどれか。

(ア) ジャーナル情報からの復旧処理時間が平均して約 2 倍になる。

(イ) データベースの容量が約 2 倍になる。

(ウ) バックアップ 1 回当りの磁気テープ本数が約半分になる。

(エ) バックアップ採取の平均実行時間が約 2 倍になる。

10.5 チェックポイントを取得するデータベース管理システムにおいて，図のような時間経過でシステム障害を発生した。前進復帰（ロールフォワード）によって障害回復できるトランザクションはどれか。

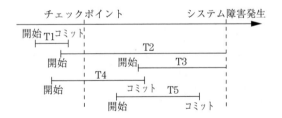

(ア) T1　　(イ) T2 と T3　　(ウ) T4 と T5　　(エ) T5

10.6 DBMS を障害発生後に再立上げするとき，前進復帰（ロールフォワード）すべきトランザクションと後退復帰（ロールバック）すべきトランザクションの組合せとして，適切なものはどれか。ここで，トランザクションの処理内容は次のとおりとする。

トランザクション	データベースに対する Read 回数と Write 回数
T1, T2	Read 10 回, Write 20 回
T3, T4	Read 100 回
T5, T6	Read 20 回, Write 10 回

	前進復帰	後退復帰
(ア)	T2, T5	T6
(イ)	T2, T5	T3, T6
(ウ)	T1, T2, T5	T6
(エ)	T1, T2, T5	T3, T6

10.7　次の a ～ c それぞれの障害に対して，DBMS の前進復帰（ロールフォワード）または後退復帰（ロールバック）を適用したい。適切な回復手段の組合せはどれか。

a　デッドロックによるトランザクション障害

b　DBMS 以外のソフトウェアのバグによるシステム障害

c　データベースの一部が使用不可能となる媒体障害

	a	b	c
(ア)	後退復帰	前進復帰又は後退復帰	後退復帰
(イ)	後退復帰	前進復帰又は後退復帰	前進復帰
(ウ)	前進復帰	後退復帰	前進復帰
(エ)	前進復帰	前進復帰	後退復帰

10.8　以下の英文を和訳しなさい。

In computer science, write-ahead logging (WAL) is a family of techniques for providing atomicity and durability (two of the ACID properties) in database systems.

In a system using WAL, all modifications are written to a log before they are applied.

Usually both redo and undo information is stored in the log.

11 章
分散データベース

　クライアントサーバ方式の分散処理形態が普及し，データベースもネットワーク上に分散配置して利用する方式がとられている。分散データベースは，一つのDBMSが複数のCPUに接続されている記憶装置群を制御する形態のデータベースである。物理的には同じ場所の複数台のコンピュータで構成される場合や，コンピュータネットワークで相互接続されたコンピュータ群に分散されている場合などがある。

　本章では，分散データベースの概要，透過性，テーブルの結合方法，および2相・3相コミットメントプロトコルについて述べる。

11.1　分散データベースの概要

　分散システムとは，地理的または論理的に分散した複数のシステムがコンピュータネットワークなどの通信手段を介して，個々のシステムが協調してなんらかのまとまった処理を行うシステムである。同様に，分散データベースシステムは，地理的または論理的に分散した複数のDBMSが通信手段を介して結合し，ユーザにはあたかも一つのDBMSのように見せるシステムのことである。**分散データベース**（distributed database）とは，クライアントサーバ方式の分散ネットワーク上にデータベースサーバを分散配置し，データ処理の垂直分散や水平分散を実現するデータベースシステムのことである。分散データベースの利点は，**表11.1**に示すように危険分散と負荷分散がある。分散データベースの構成には，垂直分散と水平分散がある。

　垂直分散（vertical distribution）は，**図11.1**に示すように主従関係のある分

表11.1　分散データベースの利点

危険分散	災害やデータベースシステムの障害が発生しても，その影響を問題が発生したサイトに局所化することが可能となり，他のサイトのデータベースの利用を継続することが可能となる。また，データを複数のサイトに重複して格納しておくことによって，災害やデータベースシステムの障害が発生したサイトを除いてアクセスすることによりサービスを継続できる。
負荷分散	データベースを複数のコンピュータで管理することになるので，負荷を分散することができる。また，負荷に偏りが発生した場合には，サイト間でデータの移動などによって負荷を均等化する余地がある。また，システムの拡張は，新たなデータベースシステムを分散データベースを構成するネットワークに追加すればよいので比較的容易である。

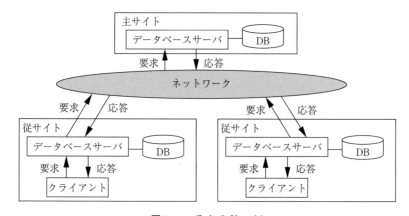

図11.1　垂直分散の例

散データベース形態である。垂直分散では，データベースに関して主サイトと従サイトの関係がある。主サイトのデータベースは，クライアント機能を持たず従サイトのデータへのアクセスはできない。従サイトのデータベースは，クライアントからのアクセスに対応するサーバ機能と，主サイトのデータベースをアクセスするクライアント機能から構成される。ただし，従サイト間のアクセスは行わない。実現が容易で管理しやすいという特徴があるが，主サイトのサーバにアクセスが集中するので，通信負荷が高く障害に比較的弱いという欠点がある。

　水平分散（horizontal distribution）は，**図11.2**に示すように各サイトがサー

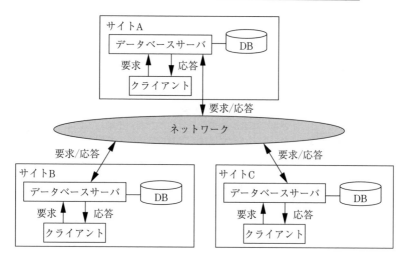

図 11.2　水平分散の例

バ機能とクライアント機能を持ち，各サイト間のデータベースが相互に均等な関係でアクセスしあう分散データベース形態である。水平分散のデータベースシステムは，拡張性や耐障害性が高く，一つのサーバにトラフィックが集中しないという特徴があるが，設計面で考慮すべき課題が多く管理がかなり複雑になるという欠点がある。

11.2　透　過　性

　分散データベースにおいて重要なことは，ユーザに対しては分散されて結合されているシステム全体を一つのシステムとして見せることである。分散データベースをあたかも集中データベースのようにユーザに見せることを**分散透過性**（distributed transparency）という。透過性には**表 11.2**に示すように**アクセスに対する透過性**，**位置に対する透過性**，**移動に対する透過性**，**分割に対する透過性**，**重複に対する透過性**，および**障害に対する透過性**がある。

表11.2　分散データベースの透過性

透　過　性	内　　　　　容
アクセスに対する透過性	ローカルサイトにあるデータでも，リモートサイトにあるデータでも，ユーザが同じ方法でアクセスできることである。
位置に対する透過性	データの存在する場所またはサイトをユーザが知らなくてもアクセスできることである。
移動に対する透過性	運用の都合や性能上の目的で，表を格納しているサイトを変更しても，ユーザにはその表の格納先の移動を意識させないことである。
分割に対する透過性	一つの表が複数のサイトに分割して格納されていても，ユーザにその表の分割を意識させないことである。
重複に対する透過性	一つの表が複数のサイトに重複して格納されていたり，サイト間でデータの複製が存在していても，ユーザにそれを意識させないことである。
障害に対する透過性	分散データベースを構成するいずれかの要素において障害が発生しても，それを隠ぺいすることである。

11.3　テーブルの結合方法

　分散データベースでは，表が複数のサイトに存在する場合，複数のサイト間にまたがる結合演算が必要な場合がある。したがって，複数サイト間の表を結合する場合には，通常の結合処理に加えて，通信負荷を考慮して結合方法を決定する必要がある。分散データベースシステムにおける結合演算方法には，分散入れ子ループ法，分散ソートマージ法，セミジョイン（準結合）法などがある。

11.3.1　分散入れ子ループ法

　分散入れ子ループ法（distributed nested loop）は，二つの表の結合において，一方の行を外側のループとして取り出したものに対して，他方の表のすべての行を内側のループとして照合して結合演算する方法である。外側ループの表を持つサイトから行をネットワークを介して1行ずつ転送し，内側ループの表を持つサイトで結合演算を行う。

　図11.3に入れ子ループ法の例を示す。ここでは，サイトBの表を外側ループとして処理し，サイトCの表を内側ループとして処理している。すなわち，サイトBは行単位でサイトCに転送し，サイトCでその行の結合演算が終わると，次の行を転送する処理を繰り返す。サイトCでは，サイトBから転送された行とサイトCの表を全行照合し，結合条件が成立する行との結合を行う。サイトBの表の全行の転送が終了すると，サイトCでのすべての結合演算が完了することになる。最後に，この結果を分散問合せ処理を要求したサイトAに転送するとトランザクションが完了する。

　分散データベースシステムで入れ子ループ法を採用した場合，外側ループの表の全行を内側ループの表を持つサイトに転送するため，外側ループの表の大きさがそのまま通信負荷となり，分散問合せの処理効率に大きな影響を与えることに注意が必要である。

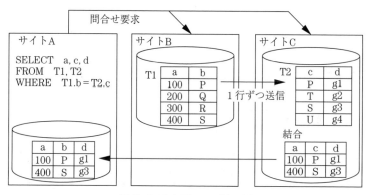

図11.3　入れ子ループ法の例

11.3.2　分散ソートマージ法

　分散ソートマージ法（distributed sort merge）は，結合演算対象となる表を持つ各サイトでそれぞれの表を結合対象の列でソートし，一方のサイトから他方のサイトへ表全体を転送後，マージ処理で結合演算する方法である。ソート

マージ法は，結合対象の表が入出力バッファに収まらない場合に用いられる。
分散ソートマージ法は，入出力バッファに収まらないような大きな表全体を転
送することになり，効率のよい方法ではない。

11.3.3 セミジョイン法

セミジョイン法（semi join）は，分散データベースシステムの結合演算にお
いて，その通信量を減らすために考案された結合処理の方法である。結合対象
の二つの表において，一方のサイトの表の結合対象列のみ他のサイトへ転送し
結合演算をし，その結合結果を返送し，再度結合演算を行う。

図11.4にセミジョイン法の例を示す。ここでは，サイトBの結合対象列を
射影演算で抽出し，サイトCへ転送する。サイトCでは，受信した結合対象
列と結合演算を行い，その結合結果をサイトBに返送する。サイトCから受
け取った結合結果と再度結合演算を行い，最終的な結合結果を導き出して，分
散問合せ要求したサイトAに返送する。

分散データベースシステムでセミジョイン法を採用した場合，結合演算は2
段階になるが，通信量が大幅に減少し，全体の処理効率が向上する。

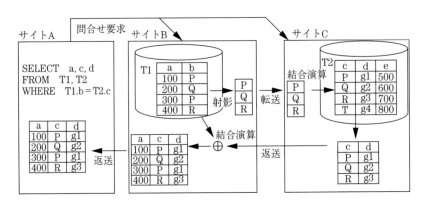

図11.4 セミジョイン法の例

11.4　コミットメントプロトコル

　分散データベースにおいて，複数のデータベースを同時に更新する場合，一方のデータベースに障害が発生してもデータベース間の整合性を保つための制御方法に，2相コミットメントや3相コミットメントがある。

11.4.1　2相コミットメント

　2相コミットメント（2PC : two phase commitment）は，主サイトから複数の従サイトに直接コミット命令を発行するのではなく，二つのフェーズに分ける方法である。

　すなわち，まず，主サイトが対象となる複数の従サイトに対し，"コミット可否問合せ"を行う。更新準備が整っているサーバは"準備完了"の応答を返し，すべての従サイトが準備を終えたことを確認したうえで，主サイトは"コミット命令"を通知し，データベースが一斉に書き換えられる。書き換え中にいずれかのデータベースで異常が発生した場合，異常が生じたサーバは失敗を伝え，主サイトはすべての従サイトに処理撤回を通知して，ロールバック処理を行うように指示する。

　このように，一連の手順がコミット準備とコミット実行の2段階に分かれていることから，2相コミットメントと呼ばれる。従サイトにおいて，コミット可否応答を返してからコミット命令を受けるまでの状態をセキュア状態という。セキュア状態では，更新処理の対象となるデータベースはすべてコミットもロールバックも可能な状態である。

　図11.5に2相コミットメントプロトコルを示す。なお，2相コミットメントだけでは，必ずしもすべての障害に対応できるわけではない。例えば，従サイトがセキュア状態になっている時点で，主サイトの障害や通信回線上の障害が発生してコミット命令やロールバック命令が通知できなくなる可能性がある。この場合には，従サイトはコミットもロールバックも行えない事態となる。

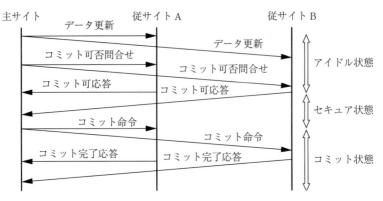

図11.5　2相コミットメントプロトコル

11.4.2　3相コミットメント

3相コミットメント（3PC : three phase commitment）は，2相コミットメントの問題点を克服するために，セキュア状態確認後に，さらにプリコミット状態で確認を取る方式である。**図11.6**に3相コミットメントプロトコルを示す。

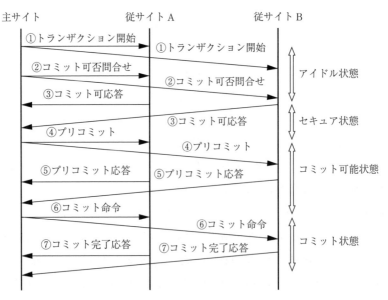

図11.6　3相コミットメントプロトコル

3相コミットメント制御は，データの一貫性を高度に高めるが，トランザクションの応答性能を悪化しネットワーク負荷上昇の問題もあり実用性には問題がある。

演　習　問　題

11.1　分散データベースシステムにおける「分割に対する透過性」の説明として適切なものはどれか。

（ア）　データの格納サイトが変更されても，ユーザのアプリケーションや操作法に影響がないこと。

（イ）　同一のデータが複数のサイトに格納されていても，ユーザはそれを意識せず利用できること。

（ウ）　一つの表が複数のサイトに分割されていても，ユーザはそれを意識せずに利用できること。

（エ）　ユーザがデータベースの位置を意識せず利用できること。

11.2　分散型データベースシステムの透過性の例を記述したもののうち，「位置に対する透過性」の例はどれか。

（ア）　大阪サイトの顧客表に障害が発生しても，東京サイトにある顧客表に対するサービスを，利用者が意識することなく利用できる。

（イ）　顧客表が，東京サイトでは東京の顧客表，大阪サイトでは大阪の顧客表に分割されても，利用者が意識することなく利用できる。

（ウ）　顧客表が，東京サイトにあるか，大阪サイトにあるかを，利用者が意識することなく利用できる。

（エ）　同一の顧客表が，東京サイトと大阪サイトの両方に存在しても，利用者が意識することなく利用できる。

11.3　分割データシステムの目標の一つである「移動に対する透過性」の説明として適切なものはどれか。

（ア）　運用の都合や性能向上の目的で，表の格納サイトが変更されても，利用者にこの変更を意識させないで利用可能にする機能のことである。

（イ）　データベースが通信網を介し物理的に分散配置されていても，利用者にこの分散状況を意識させないで利用可能にする機能のことである。

　　　（ウ）　一つの表が複数のサイトに重複して格納されていても，利用者にこれを意識させないで利用可能にする機能のことである。

　　　（エ）　一つの表が複数のサイトに分割して格納されていても，利用者にこれを意識させないで利用可能にする機能のことである。

11.4　2相コミットプロトコルを使用した分散データベースにおいて，クライアント障害が発生した場合，各データベースサーバ（DBサーバ）はコミットすべきかアボートすべきか判断不能（ブロック状態）になることがある。DBサーバ1，2のどちらもブロック状態になる個所はどこか。

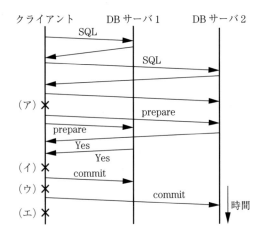

11.5　分散データベースシステムにおいて，複数のデータベースを更新する場合に用いられる2相コミットの処理手順として，適切なものはどれか。

　　　（ア）　主サイト（要求元）が各データベースサイトにコミット準備要求を発行した場合各データベースサイトは，準備ができていない場合にだけ応答を返す。

　　　（イ）　主サイト（要求元）は，各データベースサイトにコミットを発行し，コミットが失敗した場合には，再度コミットを発行する。

　　　（ウ）　主サイト（要求元）は，各データベースサイトのロックに成功した後，コミットを発行し，各データベースサイトをアンロックする。

　　　（エ）　主サイト（要求元）は，各データベースサイトをコミットまたはロールバック可能な状態にした後，コミットを発行する。

11.6　データベース更新における2相コミットに関する記述のうち，適切なものはどれか。

（ア）　2相コミットの目的は，トランザクションの処理途中のデータを他の
トランザクションから参照できなくすることである。

（イ）　2相コミットを行うためには，同時に更新しようとする分散データ
ベースのすべてがコミット可能かどうかを判断するための機能が必要
である。

（ウ）　2相コミットを採用している場合，ロールバックは発生しない。

（エ）　複数箇所に分散しているデータベースを1トランザクションで更新
する場合，2相コミットを使えば必ず複数のデータベース間の一貫性
を確保できる。

11.7　図は分散システムにおける2相コミットメントプロトコルの正常処理の流れ
を表している。①～④の動作を説明する語句の組合せとして，最も適切なも
のはどれか。

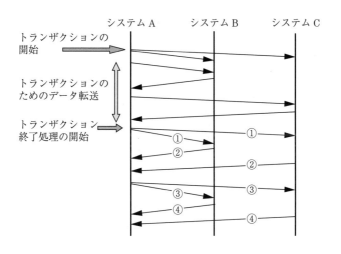

	①	②	③	④
（ア）	アンロック実行指示	アンロック実行応答	コミット実行指示	コミット実行応答
（イ）	コミット可否問合せ	コミット可応答	コミット実行指示	コミット実行応答
（ウ）	コミット実行指示	コミット実行応答	アンロック実行指示	アンロック実行応答
（エ）	ジャーナル修得指示	ジャーナル修得応答	コミット実行指示	コミット実行応答

11.8 分散型データベースで結合演算を行うとき，通信負荷を最も小さくすること
ができる手法はどれか。ここで，データベースは異なるコンピュータ上で格
納されて，かつ結合演算を行う表の行数が，双方で大きく異ならないものと
する。

　　（ア）　入れ子ループ法　　　　　（イ）　インデックスジョイン法
　　（ウ）　セミジョイン法　　　　　（エ）　マージジョイン法

11.9 以下の英文を和訳しなさい。

In transaction processing, databases, and computer networking, the two-phase
commit protocol（2PC）is a type of an atomic commitment protocol.

It is a distributed algorithm that coordinates all the processes that participate in
a distributed atomic transaction on whether to commit or abort（roll back）the
transaction（it is a specialized type of consensus protocol）.

12章
応用技術と将来動向

　データベースに関連する応用技術にはさまざまなものがある。特に，インターネット技術の進展に伴ってデータベース関連技術も進化を続けている。そして，Google に代表される大規模 Web システムを運用している企業が，大容量のデータを高速に処理するために RDBMS とは異なるデータベース技術を開発している。RDBMS 以外のデータベース管理システムは，NoSQL（not only SQL）と呼ばれる。

　本章では，これらのデータベース関連技術の中から，XML データベース，OLAP，ストアドプロシージャ，オブジェクト指向データベース，レプリケーション，Google File System，BigTable について概説し，最後にデータベースの将来動向について述べる。

12.1　XML データベース

　現在 Web ページの記述には，1989 年に出現した HTML（hypertext markup language）という**マークアップ言語**（markup language）がおもに用いられている。マークアップ言語は，文章の構造や見栄えなどの情報である**タグ**（tag）を文書の中に付加したものである。さらに，1998 年には **XML**（extensible markup language）が出現し，構造化文書の記述だけでなく，Web などを介した一般的なデータの情報交換にも利用されるようになった。この XML を扱うための機能を有するデータベースを **XML データベース**（XML database）という。

　XML データベースには，XML データをそのまま既存のデータベースに格納する "XML Enable データベース" と，XML 文書をその構造のまま格納することができる専用のデータベースである "ネイティブ XML データベース" の二

つがある。また，現在では XPath や XQuery で検索するデータベースを XML
データベースと呼ぶことが多い。現在，広く用いられているリレーショナル
データベースでは，一度作成されたデータ構造を運用中に変更することが一般
的に困難なのに対し，XML データベースは非常に拡張性が高いといわれてい
る。したがって，途中でデータ構造が変化することを前提としたシステム開発
を比較的容易に行うことができる。

　図 12.1 は XML タグを用いて，表，列，行などの対応付けを行った XML
Enable データベースの例である。

EMP 表

ENO	ENAME	AGE
0001	佐藤太一	33
0002	山川　洋	44
0003	浦野　正	53

```
<EMP>
 <ROW>
  <ENO>0001</ENO>
  <ENAME> 佐藤太一 </ENAME>
  <AGE>33</AGE>
 </ROW>
 <ROW>
  <ENO>0002</ENO>
  <ENAME> 山川　洋 </ENAME>
  <AGE>44</AGE>
 </ROW>
 <ROW>
  <ENO>0003</ENO>
  <ENAME> 浦野　正 </ENAME>
  <AGE>53</AGE>
 </ROW>
</EMP>
```

図 12.1　XML Enable データベースの例

12.2　OLAP

　OLAP（online analytical processing）は，管理者などがデータを多角的に検索・
集計して問題点や解決策を発見する機能であり，オンライン分析処理または多
次元分析処理とも呼ばれる。OLAP は，地域，製品，時間などの項目を軸とする
多次元空間でデータをとらえて，それらの軸に対する組合せをオンラインで行

うことにより，さまざまな集計データを視覚化しデータ分析する処理である。

　OLAP のおもな手法としては，ダイシング，スライシング，およびドリルダウンがある。**ダイシング**（ダイス）は，サイコロを転がすように参照するデータ軸を変えることである。**スライシング**（スライス）は，二つの軸を選択して，特定の面だけを参照することである。また，**ドリルダウン**は，"穴をあけて下がっていく"意味から集約されたデータから詳細データへと対象を絞り込んでいくことである。

　例えば，企業の販売実績であれば，「地域別」，「製品別」，「月別」などの軸を設定し，「地域ごとの製品販売実績」，「製品ごとの地域別販売実績」のように軸を入れ替えて比較するダイシング，「地域別」や「製品別」を固定して「月別」の推移を比較するスライシング，そして，ある地域におけるある商品の販売を月別ではなく，さらに細かな日別のデータを表示するドリルダウンなどの操作を繰り返すことで行われる。

12.3　ストアドプロシージャ

　ストアドプロシージャ（stored procedure）は，データベースに対する一連の処理をまとめたプロシージャ（手続き）にして，DBMS に保存（永続化）したものである。ストアドプロシージャは，アプリケーションから SQL 文により呼び出されると，DBMS サーバ内で動作する。通常，複雑な SQL 文の呼び出しを，論理的に一つの処理単位にまとめて，簡単にその名前で呼び出せるようになっている。一つのプロシージャには，複数の SQL 文が含まれ，繰り返しや条件分岐などの制御構造を持つこともある。

　ストアドプロシージャを利用することにより，次のようなメリットがある。

　　① 　DBMS に一つずつ SQL 文を発行する必要がなくなる。
　　② 　ネットワーク上のトラフィックを削減できる。
　　③ 　あらかじめ処理内容が DBMS に登録され，構文解析や機械語への変換が済んでいるため，処理時間が軽減される 。

12.4　オブジェクト指向データベース

オブジェクト指向データベース（OODB：object oriented database）は，オブジェクト指向プログラミングで使うオブジェクトの形式で表現されるデータを格納するデータベースであり，**オブジェクトデータベース**ともいう。OODBへの関心は，オブジェクト指向のシステム開発およびプログラミングの急速な浸透と発展において，アプリケーションプログラムが生成したオブジェクトを保存し，永続化する必要性とともに高まってきた。1980年代後半には商用のオブジェクト指向データベース管理システム（OODBMS）が市場に投入されたが，オブジェクト管理システムの位置付けであり，CAD／CAMといったエンジニアリング分野が中心であった。2004年頃からOODBMSが注目されるようになり，OODBMSの利点を残しつつRDBMSの使いやすさを取り入れたOODBMS製品が出現し，より広い分野への適用性が高まっている。

　ここで，簡単にオブジェクト指向データモデルの概念について説明する。まず，オブジェクト指向データモデルでは，実世界のすべてを**オブジェクト**（object）としてとらえ，各オブジェクトはシステム全体で一意な**オブジェクト識別子**（object identifier）を持つ。オブジェクトは一つ以上の**属性**（attribute），および一つ以上の**メソッド**（method）を持つ。属性は**プロパティ**（property）とも呼ばれる。オブジェクト内の属性は，値（複数でも可）を持ち，その値もオブジェクトである。メソッドは属性の値に作用するものである。

　オブジェクト内の属性とメソッドは，そのオブジェクト内に**カプセル化**（encapsulation）され，それらにアクセスするためには，オブジェクトに**メッセージパッシング**（message passing）する必要があり，公開されたメッセージ送信インタフェースが用いられる。同一の属性とメソッドを持つすべてのオブジェクトの集合が**クラス**（class）である。クラス間には，**クラス階層**（class hierarchy）という階層を持たせることができ，階層の下位のクラスである**サブクラス**（subclass）は，上位のクラスである**スーパークラス**（super class）

のすべての属性とメソッドを**継承**（inheritance）する。サブクラスは，継承したすべての属性とメソッドの他に新たに属性とメソッドを追加できる。サブクラスの実現値である**インスタンス**（instance）は，スーパークラスのインスタンスでもある。サブクラスとスーパークラスの間には，たがいに**特化**（specialization）と**汎化**（generalization）の関係がある。サブクラスはスーパークラスを特化したものであり，スーパークラスはサブクラスを汎化したものである。

　OODBMS は，オブジェクト指向システム開発，およびオブジェクト指向プログラミングの考え方をデータベースシステムに取り入れたものであり，複雑なデータ構造やマルチメディア・データ（文書／イメージ／画像等，多種多様なデータ）を対象とし，オブジェクト指向の概念により開発効率の向上も狙ったものである。

　オブジェクト指向データベースを設計する際に重要なことは，どのようにして共通の構造と振る舞いを持つクラス（class）を見つけるかということである。

　図12.2 に銀行システムの当座預金クラスの例を示す。このクラスは，口座に保存されるデータは，口座番号（整数型），所有者（顧客型），残高（Money型）であり，当座預金に適用できる操作は，預金（deposit），引き出し（withdraw），および指定期間の経費を計算する関数（calculate_changes）である。

```
class  当座預金
       inherit   銀行口座
       prosperities
          口座番号 :    Integer
          所有者 :      顧客
          残高 :       Money
       operations
          create;
          calculate_changes( 開始日 ,終了日 : Date ) : 費用
          : Money;
          deposit( 金額 : Money );
          withdraw( 金額 : Money );
end 当座預金 ;
```

図12.2　銀行システムの当座預金クラスの例

12.5　レプリケーション

レプリケーション（replication）とは，あるデータベースとまったく同じ内容の複製（レプリカ）をネットワーク上に複数配置して DBMS の負荷分散やフォールトトレランス性を強化する手法である。ここで，**フォールトトレランス**（fault tolerance）とは，システムに障害が発生したときに，正常な動作を保ち続ける能力のことである。

　分散データベースでは，複数のデータベースを一つのデータベースと見なしてトランザクション処理が行われる。分散データベースのレプリケーションは，**同期レプリケーション**（synchronous replication）と**非同期レプリケーション**（asynchronous replication）がある。前者はデータの更新時に同じトランザクション内で重複データも更新し，後者は独立した別レプリケーション機能によってトランザクション外で遅延して重複データを更新する。

12.6　**Google File System**

　グーグルファイルシステム（GFS : Google File System）とは，グーグルが独自に開発した分散処理ファイルシステムのことである。検索エンジンで有名な Google には，クローラが集めてきた大量のコンテンツ，GMail などの利用者が保存する大量のファイル，Google Maps や Google Document などが表示する大量のデータなど，大量のデータが保存されている。この大量のデータを安全に保存するための分散ファイルシステムが GFS である。

　GFS は，管理するマスターサーバが一つ存在し，その管理下で大量のデータを保存する"シングルマスター構造"になっている。GFS は，Google 内部においてクローラやインデックスといったバッチ処理に活用されている。GFS の特徴としては同じファイルを異なるマシンに重複して持たせることで，一部のマシンが故障してもファイルが失われないという点が挙げられる。Google

では何万台ものサーバ用マシンが常時稼働しているので，必ずしもすべてのマシンが完全な状態で稼働しているわけではない。耐故障性の高い分散ファイルシステムを持つことは巨大データを扱ううえで必須である。

12.7　BigTable

BigTable（ビッグテーブル）は，Google が開発した GFS 上のデータベースシステムである。BigTable は，Google 検索をはじめ，YouTube や Google Map，Google Earth，Google Analytics，Google App Engine など，グーグルの数多くのプロジェクトの基盤として利用されている。

Google などの Web 検索サイトは，事前に世界中の Web ページを収集しておき，利用者からの求めに応じ，収集した Web ページの情報を参照して適切な Web ページを案内するが，1 台のマシンでは取扱いが難しい大量の Web ページデータの保存や処理が課題となる。この課題解決のために，GFS，MapReduce，BigTable という三つの技術が開発された。GFS は，多数のマシンのディスクを組み合わせ仮想的に一つのファイルシステムとして提供することで大量データの保存を可能にしている。MapReduce は，多数のマシンを使って，大量データを効率的に分散処理するための基盤を提供している。そして，Web ページなどの構造化された小さなデータを多数管理するために BigTable が提供された。

図 12.3 は Web 上に公開されている BigTable の概要を示す記事である。合計で数 PB（ペタバイト）の天文学的規模のデータを，全世界の数 10 か所のデータセンターに分散配置された数 10 万台のサーバにより，各種サービスのスケーラビリティと高可用性を低コストで実現している。

BigTable は，データの記憶のために一般的なリレーショナルデータベースを用いるのではなく，**分散 KVS**（Key-Value Store）を用いるのが特徴となっている。KVS は，プログラミング言語のハッシュテーブル（連想配列）と同様に，キー（key）と値（value）の対からなるデータモデルに基づくデータの記

Bigtable: A Distributed Storage System for Structured Data
Fay Chang, Jeffrey Dean, Sanjay Ghemawat, Wilson C. Hsieh, Deborah A.
Wallach, Mike Burrows, Tushar Chandra, Andrew Fikes, and Robert E. Gruber
Abstract
Bigtable is a distributed storage system for managing structured data that is
designed to scale to a very large size: petabytes of data across thousands of
commodity servers. Many projects at Google store data in Bigtable, including
web indexing, Google Earth, and Google Finance. These applications place
very different demands on Bigtable, both in terms of data size (from URLs to
web pages to satellite imagery) and latency requirements (from backend bulk
processing to real-time data serving). Despite these varied demands, Bigtable
has successfully provided a flexible, high-performance solution for all of these
Google products. In this paper we describe the simple data model provided by
Bigtable, which gives clients dynamic control over data layout and format, and
we describe the design and implementation of Bigtable.
Appeared in:
OSDI'06: Seventh Symposium on Operating System Design and Implementation,
Seattle, WA, November, 2006.
Download: PDF Version
    (http://labs.google.com/papers/bigtable.html)

図 12.3 BigTable の概要

憶方式である。したがって，KVS は**キー・バリュー型データストア**（key-value store）と呼ばれている。この技術が，近年注目を集めている**クラウドコンピューティング**（cloud computing）の基盤技術として，その地位を確立しつつある。

12.8 データベースの将来動向

データベースは枯れた技術であるといわれることがあるが，本章で紹介したように今日でも絶えず進化を続けている面白い分野である。Oracle Database などの商用データベースや，MySQL などのオープンソースのデータベース，そして XML データベースなど機能拡張や性能向上が継続して実施されている。

データベースの今後の動向を考えるうえで，**スケールアウト**（scale out）と**スケールアップ**（scale up）に着目することは重要であると考えられる。

　まず，スケールアウトとは，サーバの数を増やすことで，サーバ群全体のパフォーマンスを向上させることである。1台のサーバが仮に100人のユーザしか処理できないとしても，サーバを2台に増やして負荷を分散すれば200人のユーザに対応できるというのがスケールアウトの意味するところである。一般的には，リソースの量に比例して全体のスループットが向上するシステムは**スケーラブル**（scalable）なシステムまたはスケーラビリティのあるシステムと呼ばれる。スケールアウトした場合，複数のサーバを連携して動作させることになるため，メンテナンスや障害発生時にもサービスを完全に停止させる必要がない点が利点である。しかし，サーバの台数が増えるために管理の手間が増大し，ソフトウェアのライセンス料金も高額になることが欠点である。

　一方，スケールアップは，既存のサーバを機能強化してパフォーマンスを向上させることである。CPUやメモリなどを増強してサーバの能力を上げ，より高負荷に耐えられるように拡張することである。スケールアップには，より強力な新しいサーバに交換することも含まれる。スケールアップした場合，1台のサーバでサービスを提供するために，複数台で運用するよりソフトウェアライセンスの料金が安く，構成が単純で管理しやすい点が利点である。しかし，その反面，複数台運用でないためスケールアップ時にはいったんサーバを停止する必要があり，障害が発生した場合の障害回復時間がかかることが欠点である。

　このように，スケールアウトとスケールアップには一長一短があるため，扱うデータによって適切な方法を選択することが望ましい。例えば，複製や同期が容易であり，また複製しても問題の起きないデータを扱う場合には，スケールアウトが適しており，そうでなければ，スケールアップが適しているといえる。

　スケールアウトに着目してみると，データベース技術のトレンドが見えてくるようである。まず，複数のコンピュータを結合しクラスタ（ぶどうの房）のようにひとまとまりとしたシステムである**コンピュータクラスタ**（computer cluster）が登場したのが1983年である。クラスタ内の複数のコンピュータは，ネットワークを介して相互に接続され，一つのコンピュータシステムとして扱

えるように制御されている。コンピュータクラスタは，気象予測などの**高性能技術計算**（HPTC : high performance technical computing）に適用された。そして，低価格の PC を並列に用いて HPTC を実現しようとするのが **PC クラスタ**（PC cluster）であり，大学や研究所で盛んに採用された。このような PC クラスタの考え方はさらに発展し，ネットワークに接続する PC をすべて資源にできないかという発想につながっていった。

そして，この PC クラスタは，世界中の遊休 PC を活用しようとする**グリッドコンピューティング**（grid computing）に進化した。グリッドコンピューティングの成功例の一つに，地球外知的生命体を探査する SETI（セチ）プロジェクト SETI@home がある（1995.5〜2020.3）。このプロジェクトは，宇宙から飛来する電磁波を電波望遠鏡で受信し，その膨大なデータを分割してプロジェクトに参加している世界中の PC に送信して解析依頼をするものであった。

このような計算グリッドは，やがてデータ処理のグリッド化という**データグリッド**（data grid）へと進化した。このデータグリッドは，金融分野やライフサイエンス分野など多くの用途での利用への期待が高まっている。

近年，**クラウドコンピューティング**（cloud computing）という用語が流行するようになった。クラウドとは文字通り "雲" のことである。クラウドコンピューティングとは，ネットワーク上に存在するサーバが提供するサービスを，それらのサーバ群を意識することなしに利用できるというコンピューティング形態を表す用語である。ネットワークを図示するのに雲状の絵を使うことが多いことからきた表現といわれている。雲の中のハードウェアやソフトウェアの存在を気にしないで利用することができるというのが，クラウドコンピューティングのメリットである。

このように，データベースに関連するさまざまな技術が提案され時代とともに進化している。今後とも，1 章で述べたように "ある特定の目的について，適切な判断を下し，行動の意思決定をするために役立つデータである情報" を，信頼性を持って効率的にアクセスできる仕組みをいかに追及していくかにデータベース技術者の努力が払われることになるだろう。

演　習　問　題

12.1 データマイニングに関する記述として，適切なものはどれか。

(ア)　基幹業務のデータベースとは別に作成され，更新処理をしない時系列データの分析を主目的とする。

(イ)　個人別データ，部門別データ，サマリデータなど，分析者の目的別に切り出され，カスタマイズされたデータを分析する。

(ウ)　スライシング，ダイシング，ドリルダウンなどのインタラクティブな操作によって多次元分析を行い，意思決定を支援する。

(エ)　ニューラルネットワークや統計解析などの手法を使って，大量に蓄積されているデータから，顧客購買行動などを探し出す。

12.2 データマイニングツールに関する記述として，最も適切なものはどれか。

(ア)　企業内で発生する情報を主題ごとに時系列で蓄積することによって，既存の情報システムでは得られない情報を提供する。

(イ)　集計データを迅速かつ容易に表示するなど，利用者に対してさまざまな情報分析機能を提供する。

(ウ)　大量に蓄積されたデータに対して統計処理を行い，法則性の発見を支援する。

(エ)　利用者が情報を利用するための目的別データベースであり，あらかじめ集計処理などを施しておくことによって検索時間を短縮する。

12.3 ストアドプロシージャに関する記述として，最も適切なものはどれか。

(ア)　SQL 文の実行順序を制御する文を含めることはできない。

(イ)　SQL 文をクライアントにダウンロードして実行する。

(ウ)　最適化された共通のアクセス方法をアプリケーションに提供できる。

(エ)　複数の SQL 文を含んでいてはならない。

12.4 オブジェクト指向データベースにおけるオブジェクト識別子（OID）に関する記述として，最も適切なものはどれか。

(ア)　オブジェクト識別子が異なれば，そのオブジェクトの属性も異なる。

(イ)　関係データベースの候補キーに相当する。

(ウ)　個々のオブジェクトの型を直接識別できるようにユーザが設定する。

(エ)　システムが扱う一種のアドレスであり，ユーザは直接扱わないのが普通である。

12.5 次の SQL 文に相当する問合せに対し，次の結果が返ってきた。この結果の表現はどの言語によるものか。

```
SELECT  empno,  ename  FROM  emp  WHERE  empno < 1500
<ROWSET>
    <ROW  ID  =  "1">
    <EMPNO>1234</EMPNO>
    <ENAME> 山田太郎 </ENAME>
    </ROW>
    <ROW  ID  =  "2">
    <EMPNO>1345</EMPNO>
    <ENAME> 日本太郎 </ENAME>
    </ROW>
</ROWSET>
```

（ア）　HDML　　（イ）　HTML　　（ウ）　XML　　（エ）　XSL

12.6 地球外知的生命体を探査する SETI@home について調べ簡潔にまとめなさい。

12.7 以下の英文を和訳しなさい。

An XML database is a data persistence software system that allows data to be stored in XML format. This data can then be queried, exported and serialized into the desired format.

Two major classes of XML database exist:

1. XML-enabled: these map all XML to a traditional database (such as a relational database), accepting XML as input and rendering XML as output. This term implies that the database does the conversion itself (as opposed to relying on middleware).

2. Native XML (NXD): the internal model of such databases depends on XML and uses XML documents as the fundamental unit of storage, which are, however, not necessarily stored in the form of text files.

付　　　　　録

A．MariaDB のインストール

　本書ではこれまで MySQL を用いてきたが，以下の説明では MySQL の後継である MariaDB を用いる。MySQL は，1995 年に開発されたデュアルライセンス方式（商用向けとオープンソース開発向けの 2 方式のライセンスが選べる）のリレーショナルデータベース管理システム（RDBMS）である。一方，MariaDB は，MySQL の派生として 2009 年に公開されたオープンソース開発向けの RDBMS であり，近年注目を集めている。MariaDB も MySQL も同一のデータベース操作言語の SQL が利用できる。

　データベースを理解するためには，実際に DBMS を使ってみることが一番の早道である。ここでは，オープンソースの MariaDB と Java プログラムから RDB へアクセスするための API（application program interface）である JDBC をインストールする。そして，図 A.1 のような温湿度データテーブルを作成する方法について示す。データベース名を "THT"，テーブル名を "Thdata" とし，属性は，日時 "date"，温度 "temp"，湿度 "humi" とする。

Thdata

date	temp	humi
2010/09/01 00:00	30.4	60.4
2010/09/01 00:01	30.4	59.9
2010/09/01 00:02	30.3	59.9
2010/09/01 00:03	30.3	60.0
・・・	・・・	・・・

図 A.1　温湿度データテーブル

A.1　MariaDB のインストール

（1）　**Windows の場合**　　Windows への MariaDB のインストールは，① ダウンロードしたインストーラーを用いる方法と，② ダウンロードした ZIP ファイルを用いる方法がある。

　① 　https://mariadb.com/kb/en/installing-mariadb-msi-packages-on-windows/

② https://downloads.mariadb.org/mariadb/+releases/

いずれの方法も他書やインターネットから情報を得られるが，以下では方法②によるMariaDBのインストール方法について説明する。

① 下記のサイトにアクセスする（**図A.2**）。

　　https://downloads.mariadb.org/mariadb/+releases/

図A.2

図A.3

② 最新のStable（安定版）と記載されたリンクをクリックする（**図A.3**）。最新のZIPファイルをダウンロードする（バージョンは更新される）。

　　mariadb-10.5.4-winx64.zip

③ ダウンロードが終了すると，**図A.4**右の画面が表示されるが，Xで終了しておく。

図A.4

④ ZIPファイルをその場所に解凍する（**図A.5**）。

⑤ MariaDBのフォルダを新規に作成する。

```
C:¥>mkdir mariadb
C:¥>cd mariadb
```

図 A.5

```
C:¥>mariadb¥
```

⑥　先ほど解凍したファイルとフォルダのすべてを C:¥mariadb の下に移動する。

⑦　以下のコマンドでデータフォルダの初期化を行う。

```
cd C:¥mariadb¥bin
mysql_install_db --datadir=C:¥mariadb¥data --password=mysql
```
（mariadb の root のパスワードを mysql としてある）

…

```
Creation of the database was successful
```
（と表示される）

⑧　C:¥mariadb¥ の下に data フォルダが作成され，**図 A.6** のようなファイルとフォルダができる。

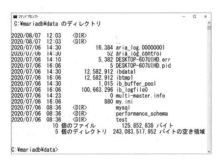

図 A.6

⑨　data フォルダ内の「my.ini」を上のフォルダ内に移動する。

```
C:¥mariadb¥data>
C:¥mariadb¥data> cd ..
C:¥mariadb¥move .¥data¥my.ini .
C:¥mariadb¥data>
```

⑩　環境変数の path 内に C:¥mariadb¥bin を追加する。

⑪　MariaDB サーバの起動

```
mysqld --defaults-file=C:¥mariadb¥my.ini --console
…
```
この画面は，そのままにして最小化しておく。

⑫　MariaDB サーバの終了

新しいコマンドプロンプトで以下を入力する。

```
mysqladmin -u root -p shutdown
Enter password: mysql              （パスワード mysql を入力）
```
　　これで，先ほど最小化していたウィンドウ（MariaDB の起動ウインドウ）の処理が終了する。終了するまでに少し時間を要する。

以上でインストールは終了である。

（2）Ubuntu の場合　　Ubuntu への MariaDB のインストールは簡単である。

```
$ sudo apt-get update（パッケージのリストをサーバから入手）
[sudo] password for XXX：自分のパスワードを入力
$ sudo apt-get install -y mariadb-server mariadb-client
$ sudo mysql_secure_installation
Enter current password for root (enter for none)：
                                              （ENTER キーを押下）
Set root password? [y/n] y
New password: mysql（root のパスワードを mysql とする）
Re-enter new password: mysql（同上）
```
以下，[y/n] の入力が要求されたら y を入力する。

動作確認

```
$ sudo mysql -u root -p（sudo を付けていることに注意）
Enter password: mysql（MariaDB の root のパスワードを入力）
MariaDB[(none)]:>（ログイン成功）
MariaDB[(none)]:> quit（ログアウト）
```
以上でインストールは終了である。

A.2　MariaDB ユーザの作成とデータベースの作成

①　MariaDB ユーザの作成（ユーザ名：hit，パスワード：hit とした例を示す）

新しいコマンドプロンプトで以下を入力する。

```
mysql -u root -p（root ユーザでログイン）
Enter password:（パスワードは, mysql）
MariaDB[(none)] > create user 'hit'@'localhost' identified
```

```
by 'hit';
MariaDB[(none)]> grant all privileges on *.* to 'hit'
@'localhost';
MariaDB[(none)]> flush privileges;
MariaDB[(none)]> quit;
```

② ユーザ名でログイン

```
mysql  -u hit  -p (hit ユーザでログイン)
Enter password: (パスワードは，hit)
MariaDB[(none)]>
```

③ データベースの作成

```
MariaDB[(none)]> create database THT;
MariaDB[(none)]> use THT;
MariaDB[(THT)]> (データベースが選択されたので，none → THT に変更)
```

④ テーブルの作成

```
MariaDB[(THT)]> create table Thdata(date timestamp, temp
double(5,1), humi double(5,1));
MariaDB[(THT)]> desc Thdata; (テーブルの確認)
MariaDB[(THT)]> quit;
```

A.3　JDBC ドライバーのインストール

（1）　Windows の場合

① mysql-connector-java-x.x.xx.zip のダウンロード（x.x.xx：バージョン番号）

https://dev.mysql.com/downloads/connector/ より　Connector/J をクリック

Platform Independent（Architecture Independent）をクリック

ZIP Archive　　 DownLoad をクリック

No thanks, just start my download. をクリック

② ZIP ファイルを解凍

mysql-connector-java- x.x.xx.jar ができている。

③ jar フォルダ（C:¥jar¥）を作成し，JDBC の jar ファイルを移動

④ CLASSPATH の設定　　下記の二つの方法があるが，最初の方法を用いる。

・環境変数の編集画面より設定

「.」と「C:¥jar¥mysql-connector-java-x.x.xx.jar」を設定

・コマンドプロンプトより設定

```
set CLASSPATH=.;C:¥jar¥mysql-connector-java-x.x.xx.jar
echo %CLASSPATH% (CLASSPATH の確認)
```

（2） Ubuntu の場合

① sudo apt-get update（パッケージのリストをサーバから入手）

    ```
[sudo] password for XXXX：自分のパスワードを入力
```

    ```
sudo apt-get install -libmysql-java
```

② mysql.jar のインストール場所の確認

    ```
$ ls /usr/share/java/mysql.jar
```

③ CLASSPATH の追加

    ```
$ cd
```

    ```
$ vi .bashrc
```

最後の行の下に以下の 3 行を追記

```
export CLASSPATH=.
export CLASSPATH=$CLASSPATH:/usr/share/java/mysql.jar
export CLASSPATH=$CLASSPATH:/usr/share/java/mysql-
connector-java.jar（export 文は 1 行で記述）
```

```
$ source .bashrc
$ echo $CLASSPATH（CLASSPATH の確認）
```

B. 埋め込み型 SQL のプログラミング

B.1 JDBC プログラミングの基本

　JDBC を使用してデータベースアクセスをする場合の定型的な方法について説明する。JDBC を利用するプログラムは，以下に示す四つのステップから構成される。

    ① JDBC ドライバのロード

    ② 接続オブジェクトの作成

    ③ ステートメントオブジェクトの作成

    ④ ステートメントの実行

    ⑤ ResultSet オブジェクトから検索結果の取り出し（必要に応じて）

　以下，データ挿入プログラム（Insert.java）とデータ検索プログラム（Select.java）の例を示す。

B.2　データベースへのデータ挿入プログラム（**Insert.java**）

付録 A で作成したデータベース THT の Thdata 表にデータを挿入するプログラム
を**図 B.1** に示す。

```
//Insert.java
// データベース名　　：THT
// ユーザ名 / パスワード : hit/hit
// テーブル名　　　：Thdata

import java.util.*;
import java.text.*;
import java.sql.*;

public class Insert {

    public void Insert_DB( String date, double temp, double humi ) {

        try {//JDBC ドライバを登録
            Class.forName( "com.mysql.cj.jdbc.Driver" );
            //System.out.println( "JDBC ドライバを登録しました " );
        } catch ( ClassNotFoundException ce ) {
            System.out.println( " ドライバが見つかりません " );
        }
        try { // データベースに接続
            Connection connect = DriverManager.getConnection(
                "jdbc:mysql://localhost/THT"+"?characterEncoding=utf
                8&serverTimezone=Asia/Tokyo", "hit", "hit");
            System.out.println( " データベースに接続しました " );

            // ステートメントオブジェクトを作成
            Statement state = connect.createStatement( );

            //SQL 文を作成
            String sql = "insert into Thdata( date, temp, humi ) values("
                            + date + "," + temp + "," + humi + ")";

            //SQL 文を実行
            System.out.println( "SQL 文を実行 " + sql );
            state.executeUpdate( sql );

            state.close( );
```

図 B.1　Insert.java (1/2)

```
          connect.close( );
      } catch ( SQLException se ) {
          System.out.println( se.getMessage( ) );
      }
   }

   public  static  void  main( String [ ] args ) {

      Calendar cal1 = Calendar.getInstance( );
      int year   =     cal1.get( Calendar.YEAR );
      int month  =  cal1.get( Calendar.MONTH ) + 1;
      int day   =    cal1.get( Calendar.DATE );
      String time  =    String.valueOf( year ) +
                   String.format( "%02d",month ) +
                   String.format( "%02d",day  );

      Insert db = new Insert( );

      db.Insert_DB(  time + "000000", 10.0, 70.0  );
      db.Insert_DB(  time + "010000", 11.0, 68.0  );
   }
}
```

図 B.1　Insert.java（2/2）

B.3　データベースからのデータ検索プログラム（**Select.java**）

付録 B.1 で作成したデータベース THT の Thdata 表のデータを検索するプログラムを**図 B.2** に示す。

```
//Select.java
// データベース名   : THT
// ユーザ名 / パスワード : hit/hit
// テーブル名    : Thdata

import java.util.*;
import java.text.*;
import java.sql.*;

public class Select{
```

図 B.2　Select.java（1/3）

```
public  Vector  Select_DB(  String from, String to  ){

    Vector  select_data  =  new Vector();

    try{ //JDBC ドライバを登録
        Class.forName( "com.mysql.cj.jdbc.Driver" );
    }catch ( ClassNotFoundException  ce ) {
        System.out.println( " ドライバが見つかりません。" );
    }
    try{ // データベースに接続
        Connection  connect = DriverManager.getConnection(
            "jdbc:mysql://localhost/THT"+"?characterEncoding=utf
            8&serverTimezone=Asia/Tokyo", "hit", "hit");
        System.out.println( " データベースに接続しました " );

        // ステートメントを作成
        Statement  state = connect.createStatement( );

        //SQL 文を作成・実行させ結果を受け取り表示
        String sql = "select * from Thdata where date>= "
                        + from + " and date <= " + to;

        System.out.println( "SQL 文を実行 " + sql );
        ResultSet  rs = state.executeQuery( sql );

        while(  rs.next( ) ){
            java.sql.Timestamp date = rs.getTimestamp("date");
            String  sdate = date.toString( );
            String  stemp  = rs.getString( "temp" );
            String  shumi  = rs.getString( "humi" );
            String  row = sdate + " " + stemp + " " + shumi;
            //System.out.println( row );
            select_data.addElement(  new String( row )  );
        }

        state.close( );
        connect.close( );

    }catch ( SQLException  se ) {
        System.out.println( se.getMessage( ) );
    }
    return  select_data;
```

図 **B.2**   Select.java (2/3)

```
    }

    // メインメソッド
    public static void main( String [ ] args ){

        Calendar  cal1   = Calendar.getInstance( );
        int  year        = cal1.get( Calendar.YEAR);
        int  month       = cal1.get( Calendar.MONTH) + 1;
        int  day         = cal1.get( Calendar.DATE);
        String time      = String.valueOf( year ) +
                           String.format(  "%02d", month  ) +
                           String.format(  "%02d", day  );

        String  from = time + "000000";
        String  to   = time + "230000";

        Select  s   = new Select( );
        Vector  data = s.Select_DB( from,  to );

        for (  int i = 0;  i<data.size( );  i + +  ){
            System.out.printf( "%2d : %s¥n",i, data.elementAt( i ) );
        }
    }
}
```

図 B.2　Select.java（3/3）

B.4　コンパイル・実行・確認

① コンパイル　作成した二つのプログラムはmainメソッドを有しているので，それぞれ単独で実行することができる。Javaで書かれたプログラムをコンパイルするには，"javac"を用いる。

```
javac  Insert.java
javac  Select.java
```

この時点で，Insert.class と Select.class ができている。

② Insert プログラムの実行　まず，模擬的な温湿度データをデータベースに格納するために Insert プログラムを実行させる。

```
java  Insert
```

③ Insert プログラムの実行結果の確認　この時点で，データベースにデータが

格納されたので，MySQL で確認する。

```
mysql  -u  hit  -p
パスワード： hit
mariaDB[(none)] >  use THT;
mariaDB[(THT)] >  select  *  from  Thdata;
（データが表示される）
mysql >  exit;
```

④ Select プログラムの実行　つぎに，データベースに格納されている温湿度データを読み込むために Select プログラムを実行させる。

⑤ java Select　データベースの内容が表示されることを確認する。

C.　MariaDB 実習

C.1　データベースとテーブルの作成

（1）　MariaDB ユーザ名でログイン（ユーザ名：hit，パスワード：hit）	

`mysql -u hit -p`
`Enter password: hit`
`MariaDB[(none)]>`
	（注）-p に続けてパスワードを入力すると，
	1 行のコマンドでもログインできる。
	`$ mysql -u hit -phit`

（2）　データベースの作成：create database データベース名；	
`MariaDB[(none)]> create database db1;`　（データベース名：db1）	
（3）　データベースの確認	
`MariaDB[(none)]> show databases;`	
（4）　データベースの指定（データベース名 db1 を指定）	
`MariaDB[(none)]> use db1;` `Database changed`	
（5）　テーブルの作成：create table テーブル名（カラム 1　データ型 1，・・・）；	
`> create table tb1(empno varchar(10), name varchar(10), age int);`　（注）varchar(10)：文字型 10 文字，int：整数型	
（6）　テーブル一覧を表示	
`> show tables;`	

（7）　テーブル構造の確認

```
> desc tbl;
```

（8）　データの挿入：insert into テーブル名 values（カラム1　データ型1,・・・）;

tbl 表に以下のデータを挿入する。

```
A101 SATHO      40
A102 TAKAHASHI 28
A103 NAKAGAWA  20
A104 WATANABE  23
```

```
> insert into tbl values('A101','SATHO',40);
> insert into tbl values('A102','TAKAHASHI',28);
> insert into tbl values('A103','NAKAGAWA',20);
> insert into tbl values('A104','WATANABE',23);
```

カラムの順番に関係なくカラムを指定してデータを挿入することもできる。

```
A105 NISHIZAWA  35
```

```
> insert into tbl(age, name, empno) values(35,'NISHIZAWA',
'A105');
```

（9）　データを表示する：select カラム1, カラム2,・・・ from テーブル1;

```
> select empno, name from tbl;
> select * from tbl; (* とするとすべてのカラムを表示)
```

C.2　テーブルのコピーと変更

（1）　テーブルのコピー：
create table コピー先テーブル名 select * from コピー元テーブル名 ;

tbl と同じ内容のテーブル tbl1A, tbl1B, tbl1C を作成する。

```
> create table tbl1A select * from tbl;
> create table tbl1B select * from tbl;
> create table tbl1C select * from tbl;
```

（2）　カラムのデータ型を変更：(name varchar(10)→ varchar(30)に変更)
alter table テーブル名 modify カラム名　データ型；

```
> desc tb1A;
> alter table tb1A modify name varchar(30);
    (tb1A の name を varchar(30)に変更)
> desc tb1A;
```

（3）　カラムを追加：(tb1A に birth を追加)
alter table テーブル名 add カラム名　データ型；

```
> alter table tb1A add birth datetime;
> desc tb1A;
```

```
N111 MATSUDA 33 2021-04-01 00:00:00 (を追加)
> insert into tb1A values('N111','MATSUDA',33,'2021-04-01
00:00:00');
> select * from tb1A;
```

（4）　カラムの位置を変更：

```
> desc tb1B;
> alter table tb1B add birth datetime first;
                        (tb1B の先頭に birth を追加)
> desc tb1B;
```

```
> desc tb1C;
> alter table tb1C add birth datetime after empno;
                        (empno の後に birth を追加)
> desc tb1C;
```

（5）　カラムの名前とデータ型を変更：(birth datetime → birthday date に変更)
alter table テーブル名 change 変更前カラム名　変更後カラム名　変更後データ型；

```
> desc tb1A;
> alter table tb1A change birth birthday date;
> desc tb1A;
```

（6） カラムを削除：(tb1A の birthday を削除)
alter table テーブル名 drop カラム名；

```
> alter table tb1A drop birthday;
> desc tb1A;
```

C.3 主キーの設定とインデックスの設定

（1） 主キーを設定してテーブルを作成（primary key）

```
> create table T1( a int primary key, b varchar(10));
> desc T1;
> insert into T1 values(1, 'A');
> select * from T1;
> insert into T1 (a) values(1);      （主キーなので重複キーの挿入禁止）
> insert into T1 (a) values(NULL);…..（主キーなので NULL の挿入禁止）
> insert into T1 (a) values(2);
> select * from T1;
```

（2） 連続番号付きカラムの定義（auto_increment）

```
> create table T2( a int auto_increment primary key, b
varchar(10));
> desc T2;

> insert into T2 (b) values('A'); （a=1 となっている）
> insert into T2 (b) values('B'); （a=2 となっている）
> insert into T2 (b) values('C'); （a=3 となっている）
> select * from T2;
```

（3） カラムにデフォルト値を入れる

```
> create table tb1D select * from tb1;
> desc tb1D;
> alter table tb1D modify name varchar(20) default 'Name not
entered';
> desc tb1D;
> insert into tb1D (empno, age) values('N999', 34);
> select * from tb1D;
```

（4）　インデックスの設定 create index インデックス名　on テーブル名（カラム名）;
``` > create index my_ind on tb1D(name); > show index from tb1D; ```
（5）　インデックスの削除
``` > drop index my_ind on tb1D; > show index from tb1D; ```

C.4　テーブルの構造とデータのコピー

（1）　テーブルの構造＋データのコピー create table コピー先テーブル名　select * from コピー元テーブル名;
``` > create table tb1E select * from tb1; > select * from tb1E; ```
（2）　テーブルの構造のみコピー： create table コピー先テーブル名　like コピー元テーブル名;
``` > create table tb1F like tb1; > desc tb1; > desc tb1F; > select * from tb1F; ```
（3）　テーブルのデータのみコピー： insert into コピー先テーブル名　select * from コピー元テーブル名;
``` > insert into tb1F select * from tb1; > select * from tb1F; ```
（4）　テーブルの削除：drop table　テーブル名;
``` > drop table tb1A; > show tables; ```
（5）　データベースの削除：drop database　データベース名;
``` >　ここでは実行は省略する。 ```
（6）　レコードの全削除：delete from　テーブル名;
``` > delete from tb1E; > select * from tb1E; ```

（7）　売上テーブル　tb2 の準備　以下のテーブルを作成

bang	uria	tsuki
A103	101	4
A102	54	5
A104	181	4
A101	184	4
A103	17	5
A101	300	5
A102	205	6
A104	93	5
A103	12	6
A107	87	6

bang varchar(10)　　社員番号
uria int　　　　　　売上
tsuki int　　　　　　月

```
> create table tb2(bang varchar(10), uria int, tsuki int);

> insert into tb2(bang,uria,tsuki) values("A103",101,4);
> insert into tb2(bang,uria,tsuki) values("A102", 54,5);
> insert into tb2(bang,uria,tsuki) values("A104",181,4);
> insert into tb2(bang,uria,tsuki) values("A101",184,4);
> insert into tb2(bang,uria,tsuki) values("A103", 17,5);
> insert into tb2(bang,uria,tsuki) values("A101",300,5);
> insert into tb2(bang,uria,tsuki) values("A102",205,6);
> insert into tb2(bang,uria,tsuki) values("A104", 93,5);
> insert into tb2(bang,uria,tsuki) values("A103", 12,6);
> insert into tb2(bang,uria,tsuki) values("A107", 87,6);
> select * from tb2;
```

（8）　売上と社員番号を表示

```
> select uria, bang from tb2;
```

C.5 いろいろな条件で抽出する

（1） カラムの値で計算して表示する

```
> select * from tb2;
```
表 tb の「uria」の単位は万円とする。

「uria」の値を 10000 倍して，「売上」のエイリアスを付けて表示する。

```
> select uria*10000 as 売上  from tb2;
```

（2） 関数を使って計算する

```
> select AVG(uria) from tb2;（AVG：平均）
> select AVG(uria)*10000 as 売上平均 from tb2;
> select SUM(uria) from tb2;（SUM：合計）
> select SUM(uria)*10000 as 売上合計 from tb2;
> select COUNT(uria) from tb2;（COUNT：個数）
```

（3） 文字列操作関数 RIGHT LEFT SUBSTRING REPEAT

```
> select RIGHT(empno,2) from tb1;（empno の右から 2 文字を表示）
> select LEFT(empno,2) from tb1;（empno の左から 2 文字を表示）
> select SUBSTRING(empno,2,3) from tb1;
```
　　　　　　　　　　　　　　（empno の 2 文字目から 3 文字分を表示）
```
> select REPEAT('*', age) from tb1;（繰り返して表示）
```

（4） レコード数を決めて表示する LIMIT

表 tb2 の 3 件のみ表示　　　> select * from tb2 LIMIT 3;

（5） where 句を用いた抽出

```
> select * from tb2 where uria >= 100;（uria が 100 以上）
> select * from tb2 where uria < 50;（uria が 50 未満）
> select * from tb2 where tsuki <> 4;（tsuki が 4 以外）
> select * from tb2 where uria between 50 and 100;
```
　　　　　　　　　　（uria が 50 と 100 の間にある：50 以上 100 以下）
```
> select * from tb2 where uria not between 50 and 200;
```
　　　　　　　　　（uria が 50 と 200 の間にない：50 未満 200 を超える）
```
> select * from tb2 where tsuki in(5,6);（tsuki が 5 か 6 のいずれか）
> select * from tb2 where bang='A101';（bang が「A101」と一致　）
> select * from tb2 where bang like '%1';（bang の最後が「1」と一致）
```
　　　　　　　　　　　　（%：任意の文字列，＿：任意の 1 文字）

```
> select bang from tb2;
> select distinct bang from tb2; (bang の重複を除外して表示)
> select * from tb2 where bang='A101' and tsuki=4 or uria>=200;
                (bang が A101 でなおかつ tsuki が 4 あるいは uria が 200 以上)
                (and と OR が混ざっている場合は and が優先される)
```

（6）　case when の利用

uria が 100 以上を「多い」，50 以上を「中くらい」，それ以外は「少ない」を表示

```
> select bang, uria,
    case
      when uria>=100 then '多い'
      when uria>=50 then '中くらい'
      else '少ない'
    end as 評価 from tb2;
```

（7）　並べ替え

```
> select * from tb2 order by uria; (「uria」の昇順に並べ替える)
> select * from tb2 order by uria DESC; (「uria」の降順に並べ替える)
> select * from tb2 order by uria DESC limit 5; (5 レコード表示)
```

（8）　グループごとに表示：select 列名　from 表名 group by グループ化する列名；

```
> select * from tb2 group by bang;
> select count(*) from tb2 group by bang; (グループごと件数)
> select bang, count(*) as 件数 from tb2 group by bang;
                                              (グループごと件数)
> select bang, sum(uria) as 合計 from tb2 group by bang;
                                              (グループごと合計)
> select bang, avg(uria) from tb2 group by bang;
                                              (グループごとの平均)
```

（9）　条件付きグループで表示：
select 集計した列名 from 表名 group by グループ化する列名 having 条件；

（グループごとに分けてから抽出）
売上の合計を社員番号ごとに処理するが，表示するのはグループの合計が 100 以上
のみ

```
> select bang, sum(uria) from tb2 group by bang having
sum(uria)>=200;
```

（抽出してからグループ化）
売上が 50 以上の取引だけを抽出し，社員ごとの売上平均を表示
```
> select bang, avg(uria) from tb2 where uria>=50 group by
bang;
> select bang, uria from tb2;
```

C.6 データベースのバックアップとリストア

（1） MariaDB ユーザ名でログイン（ユーザ名：hit, パスワード：hit）
mysql -u hit -phit
（2） バックアップするデータベースの整理
> show tables; > drop table t1, ・・・;（tb1 表と tb2 表以外を削除する） > show tables; > quit;
（3） データベースのバックアップ（mysqldump を用いて書き出す）： mysqldump –u root –p パスワード データベース名　＞ 出力ファイル
mysqldump -u hit -phit db1 > db1_out.txt　　　　　mysql: パスワード 　別の端末を使用して確認せよ。 　　　　type db1_out.txt（Windows） 　　　　cat db1_out.txt（Ubuntu）
（4） データベースのリストア（mysqladmin と mysql を用いてリストアする）：
mysqladmin -u hit -phit　create db2（データベース db2 を作成） mysql -u hit -phit db2 < db1_out.txt（データベース db2 が複製された） 　　　　　　　　　　　　　　　　　　　mysql: パスワード

```
データベース db2 の確認
$ mysql -uhit  -phit
> show databases;  （db2 が作成されていることを確認）
> use db2;
> show tables;     （db1 と db2 表が作成されていることを確認）
> select * from tb1;
> select * from tb2;
> quit;
```

参 考 文 献

1) 上島紳一，上田真由美：データベース，昭晃堂（2009）
2) 石川　博：データベース，森北出版（2008）
3) 阿部武彦，木村春彦：初歩のデータベース，共立出版（2007）
4) 北川博之：データベースシステム，昭晃堂（2007）
5) 川越恭二：楽しく学べるデータベース，昭晃堂（2007）
6) 村井哲也：初歩のデータベース，昭晃堂（2004）
7) 小野　哲：IT を支えるデータベース，技術評論社（2009）
8) メディアミックス・プロジェクト：図解雑学　データベース，ナツメ社（2002）
9) J.G. ヒューズ著，植村俊亮監訳，石丸知之訳：オブジェクト指向データベース，サイエンス社（1998）
10) 山之内輝孝，森脇慎一郎，片岡信之，中根真紀子：データベーススペシャリスト完全教本，日本経済新聞出版社（2009）
11) 山平耕作：データベース合格教本，技術評論社（2009）
12) 山田照吉：テクニカルエンジニア　データベース，日経 BP（2003）
13) 松信嘉範：現場で使える MySQL，翔泳社（2010）
14) 三木純一：Java/JDBC+MySQL　データベースプログラミング，秀和システム（2004）
15) 豊崎直也：SQL Web データベース，すばる社（2002）
16) 西田圭介：Google を支える技術，技術評論社（2008）
17) 小野　哲，関口由美子：データベースがわかる本，オーム社（2004）
18) 芝野耕司：SQL がわかる本，オーム社（2001）
19) 鈴木健司：データベースがわかる本，オーム社（2000）
20) Steve Muench 著，赤木　伸，川道亮治，佐藤直生監訳，イデアコラボレーションズ株式会社訳，Oracle XML アプリケーション構築，オイラリー・ジャパン（2001）
21) ブルス・クラシュマン著，原　隆文訳：Oracle のための Java 開発技法，ピアソン・エデュケーション（2002）
22) R. Plew, R. Stephens: Beginning Databases in 24 Hours, SAMS（2003）
23) G. Riccardi: Database Management with Web Site Development Applications, Pearson Education, Inc.（2003）
24) T. Connolly, C. E. Begg: Database Systems, Addison Wesley（2002）
25) John O'Donahue: Java Database Programming, Wiley Publishing, Inc.（2002）

索　　引

―― 著者略歴 ――

1980 年　広島大学大学院博士課程前期修了（回路システム工学専攻）
1980 年　株式会社 東芝勤務
1989 年　松江工業高等専門学校講師
1991 年　松江工業高等専門学校助教授
1995 年　博士（工学）（広島大学）
1997 年　広島工業大学助教授
2001 年　広島工業大学教授
　　　　　現在に至る

特種情報処理技術者
電気学会フェロー

主な著書
電力システム工学の基礎（コロナ社）
Java によるアルゴリズムとデータ構造の基礎（コロナ社）
Python によるアルゴリズムとデータ構造の基礎（コロナ社）

データベースの基礎（改訂版）— **MariaDB / MySQL 対応** —
Introduction to Database（Revised Edition）　　　　　ⓒ Takeshi Nagata　2011

2011 年 6 月 17 日　初版第 1 刷発行
2021 年 7 月 10 日　初版第 10 刷発行（改訂版）

検印省略

著　　者　　永　　田　　　　　武
発　行　者　　株式会社　　コ ロ ナ 社
　　　　　　　代 表 者　　牛 来 真 也
印　刷　所　　萩 原 印 刷 株 式 会 社
製　本　所　　有限会社　　愛 千 製 本 所

112-0011　東京都文京区千石 4-46-10
発 行 所　株式会社 コ ロ ナ 社
CORONA PUBLISHING CO., LTD.
Tokyo Japan
振替 00140-8-14844・電話(03)3941-3131(代)
ホームページ https://www.coronasha.co.jp

ISBN 978-4-339-02919-2　C3055　Printed in Japan　　　　　　　（新井）